北尾惠美子的

甜美梭编蕾丝小物

tatting lace & crochet

[日] 北尾惠美子 / 著
虎耳草咩咩 / 译

中国纺织出版社

Contents 目录

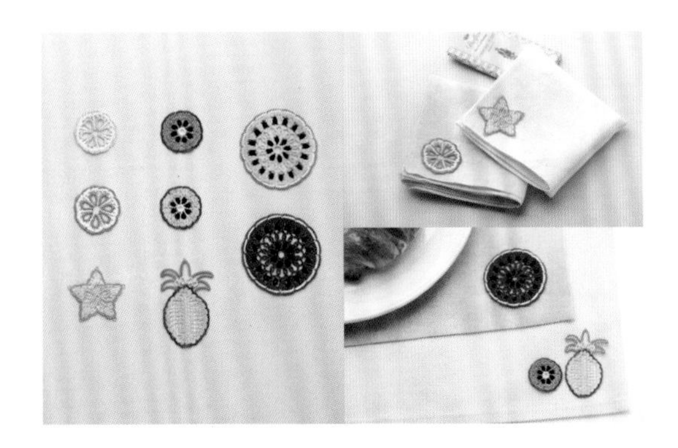

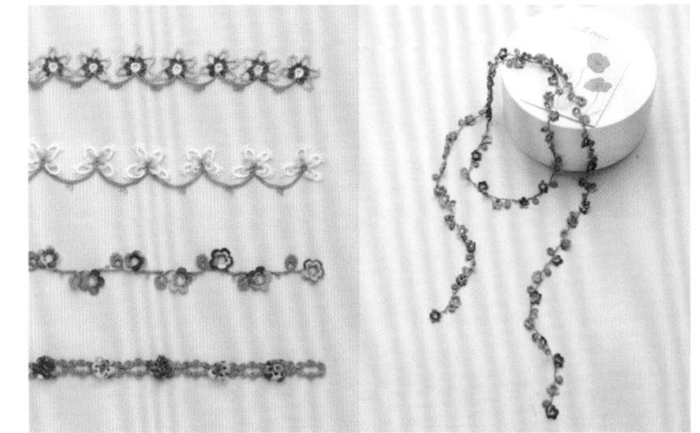

工作人员
书籍设计 / 弘兼奈美（Two~Piece Dress）
摄影 / 大岛明子（作品） 本间伸彦（过程）
款式 / 川村茧美
制作协助 / 井川麻由美 驹込典子 齐藤惠子 佐藤智惠子
主代香织 下村依公子 高桥万百合 登内秀子
波崎典子 浜田典子 细野博美 中岛美贵子 成川晶子
编结方法·过程解说 / 佐々木初枝
摹写 / 高桥玲子 中村亘
过程协助 / 齐藤惠子 高桥万百合 波崎典子 和田信子
编结校阅 / 齐藤惠子 高桥万百合 和田信子
企划·编辑 /E&G 创意（薮 明子 神谷真由佳）

＊本书刊载作品工具均为 Clover Mfg.co.,Ltd 的凤眼梭、用线均为 Destination Management Company 的蕾丝线。

mini motif

迷你花片

让人情不自禁地产生了食欲，集结了圆滚滚体态的可爱小织片。

香橙、猕猴桃花片展现了其贴心的简洁设计，因而是初学者也能开心完成的居家用品。

制作方法：p.41~42

不经意地将喜欢的花片
点缀其上。

装饰在餐垫上的话，
感觉也会比平时用餐更为愉悦！

mini motif

迷你花片

这些花片全都是极招人喜爱的水果切片。

被紧紧包裹住的白色部分，运用的是蕾丝钩织。唯有蕾丝钩织的表情才是开心的饰物。

制作方法：p.42~43

装饰在小包袋上的话
就成了一款唯你独有的创新物品。

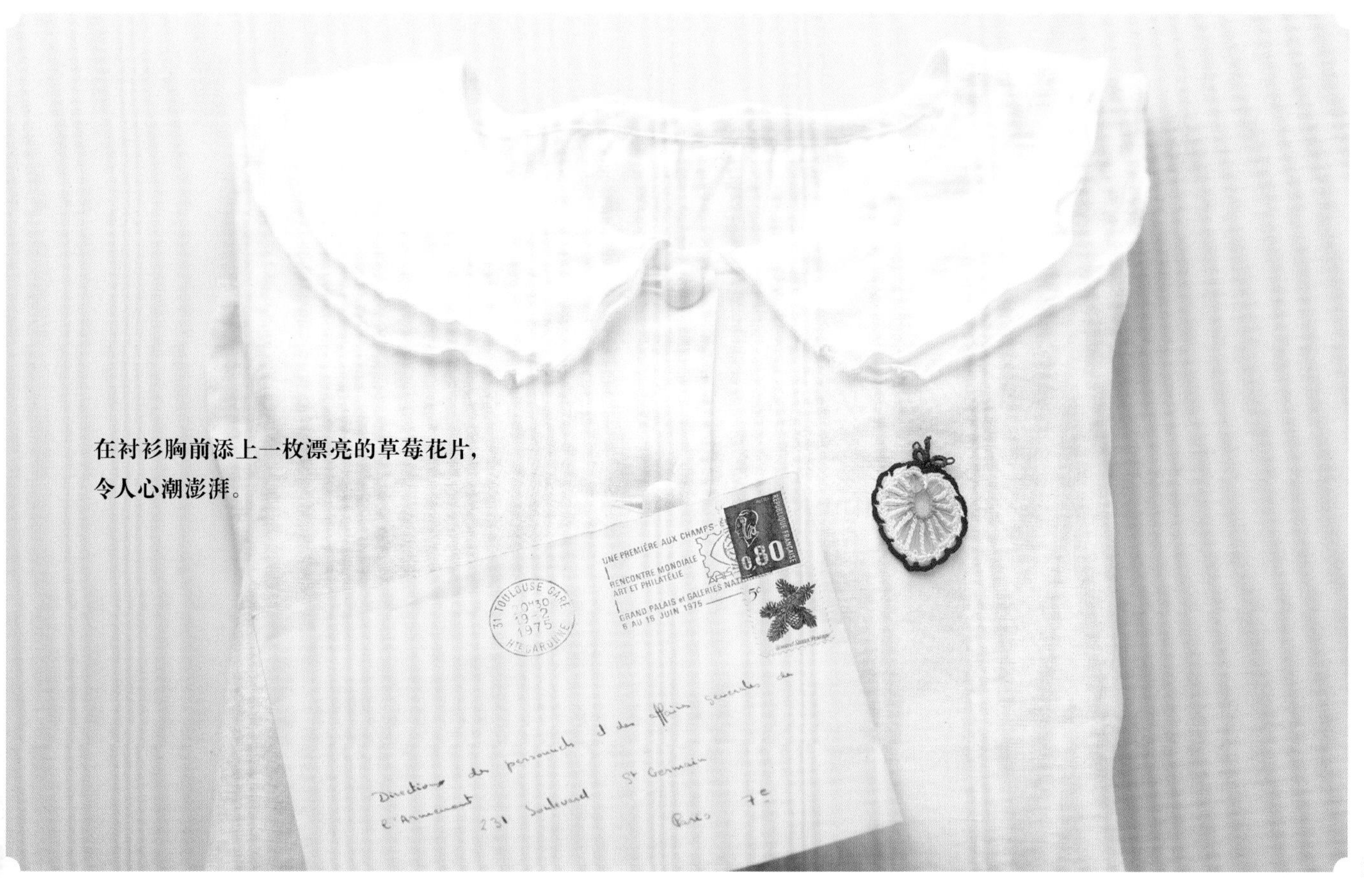

在衬衫胸前添上一枚漂亮的草莓花片,
令人心潮澎湃。

flower braid

花辫 I

淡蓝色、粉色、中间色。汇集了各种色调的花朵。

＊蕾丝钩织部分 /16・19…花瓣和叶片　17…米色部分

18…内侧花瓣　20…茎和叶片

制作方法：p.44~45

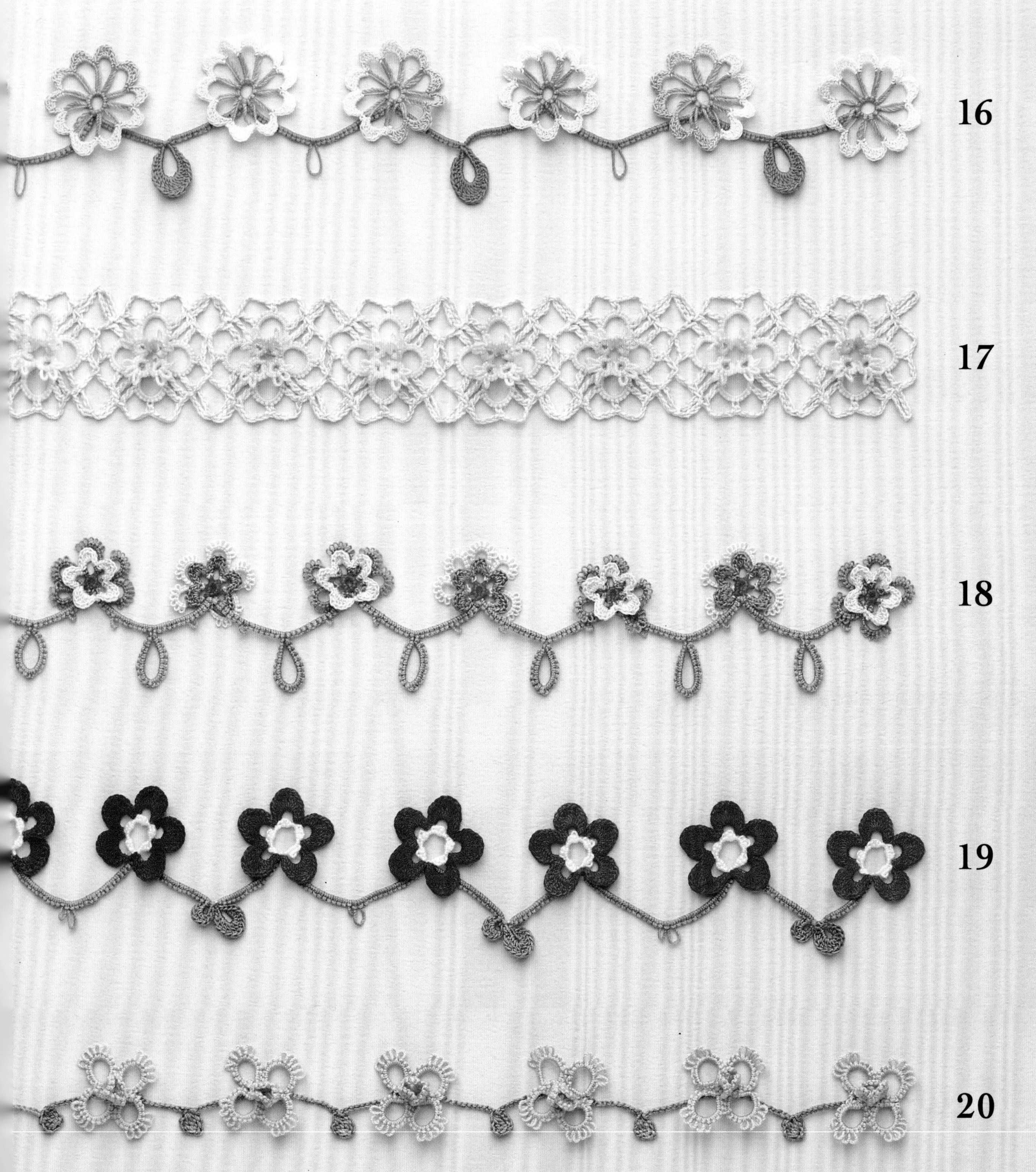

让喜欢的花朵绽放
在书套上。

在盒子上装饰一圈的话，
就完成了一款漂亮的礼品盒。

flower braid

花辫Ⅱ

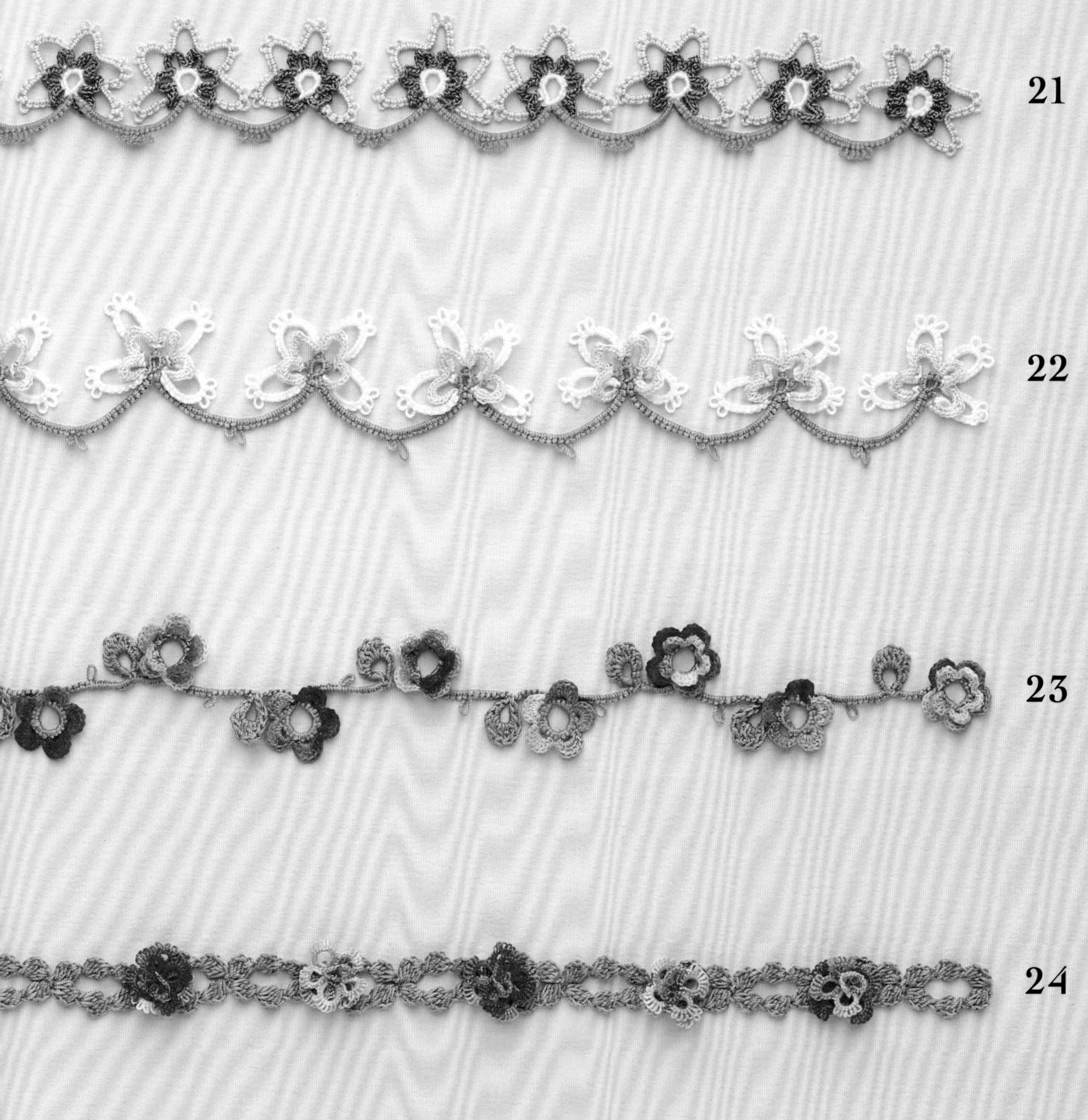

花瓣有尖角形的，也有圆滚滚可爱外形的，都是些令人喜欢的设计。

*蕾丝钩织部分 /21・22…花瓣的内侧　23…花瓣和叶片　24…绿色部分

制作方法：p.44~46

lariat

套索项链

25

钩织一段花样 23 的长长花瓣，
变换成套索项链。
因为是粉色系段染线钩织的，
一片片颜色各异的花瓣，成就了一款令人赏心悦目的饰品。
制作方法：p.46

flower braid

花辫Ⅲ

漂亮的、乖巧十足的、娇小的花朵等，组成了各有特色的花辫。

*蕾丝钩织部分 /26…花朵　27…内侧的花瓣　28…花瓣　29…叶片

制作方法：p.46~47

stole

围巾

30

在蕾丝钩织的优雅镂空花样的基础上，
奢华地装饰 2 行花样 27 的花瓣。
围巾是初春清爽愉悦的配色。
制作方法：p.47

flower motif

花片

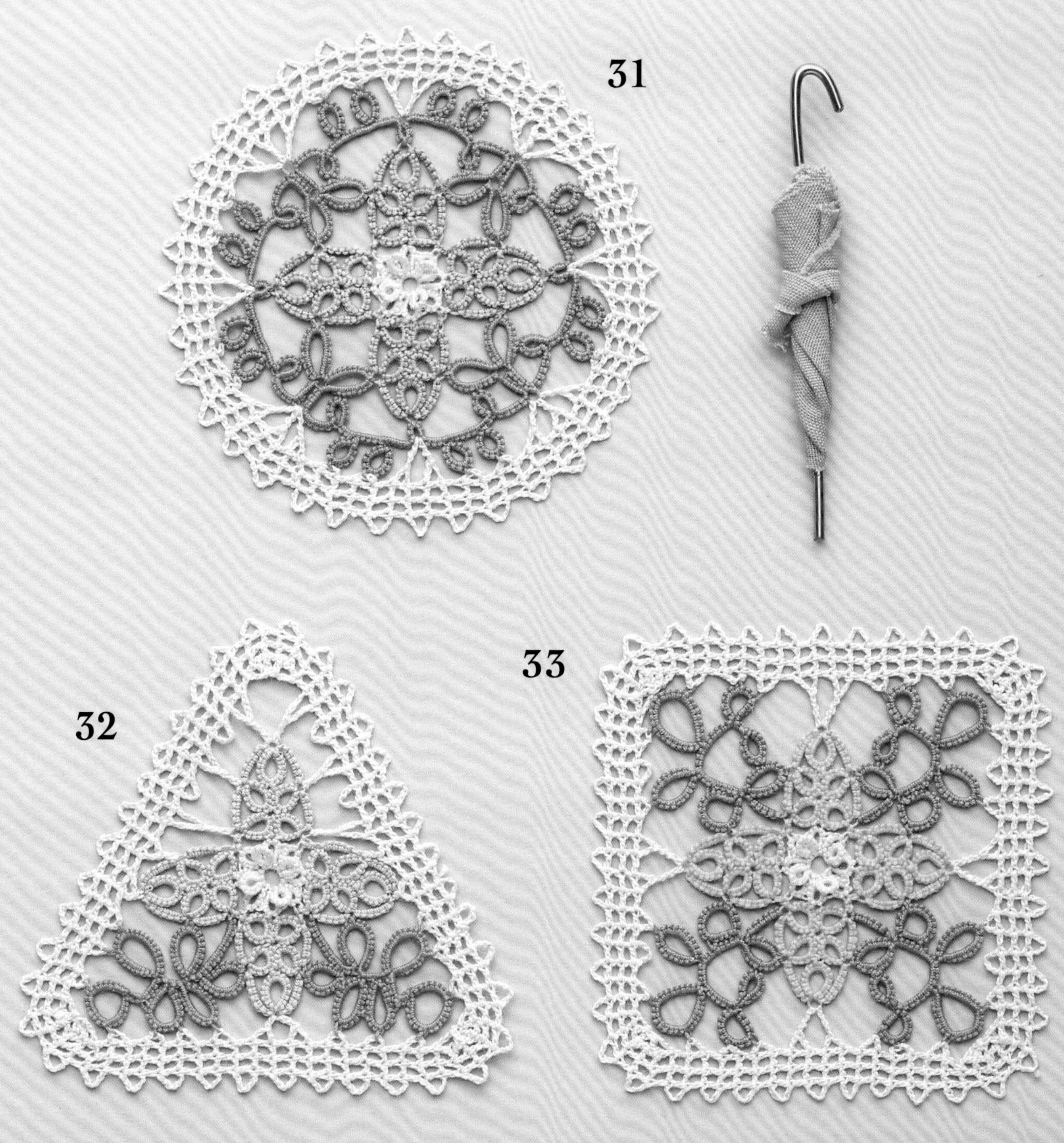

介绍几款充满少女情怀的花片。
运用蕾丝钩织在梭编花片外围钩织一圈装饰花边。
不露声色的立体花芯也十分抢眼。
*蕾丝钩织部分 /31~33…外侧的浅驼色部分

制作方法：p.48~49

stole

围巾

34

在规整的蕾丝花样钩织的基础上，
两端装饰上花样 33 的花片。
期待能优雅端庄地披上它外出。
制作方法：p.48~49

bookmarker

书签

让阅读变得更为愉悦的华丽书签，
配合心情随机使用。
＊蕾丝钩织部分 /35~42…绳子部分
制作方法：p.50~51

35　36　37　38

39 40 41 42

card case

卡套

43

44

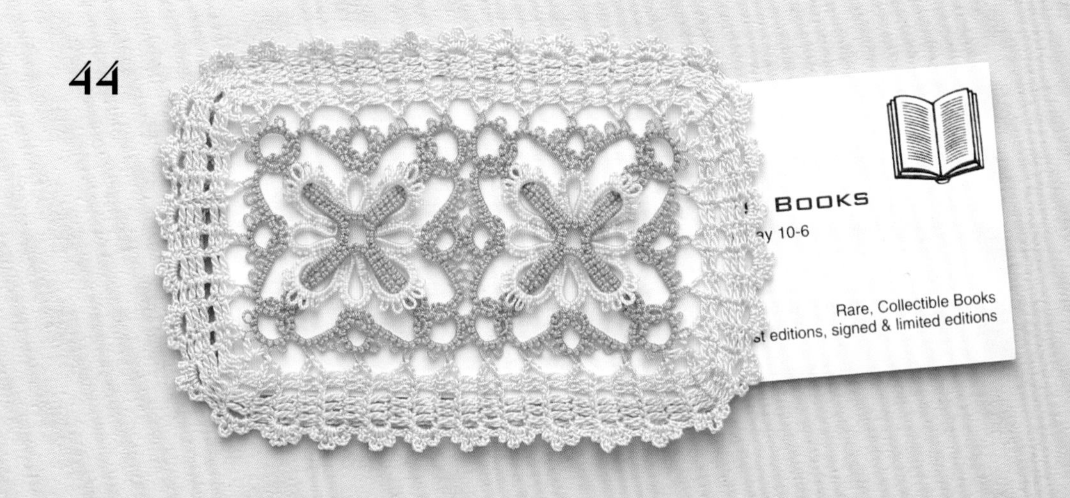

日常也可开心使用的卡套，中间的彩色部分为梭编，
浅驼色部分是由蕾丝钩织完成的。
运用蕾丝钩织，可在短时间内完成。
制作方法：p.52~53

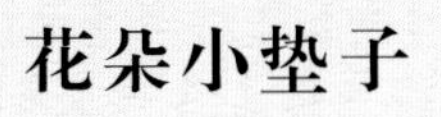

flower doily

花朵小垫子

45

46

用蕾丝钩织垫子的边缘
华丽地装饰上
花样 21 和花样 28 的花瓣。
这是一款让房间明亮的居家用装饰品。
制作方法：p.53~54

cute doily

外形可爱的小垫子

正方形、心形、三角形、圆形……形态各异的垫子。
既可作杯垫，也可作墙饰，是令人愉悦的精巧设计。
制作方法：p.55~56

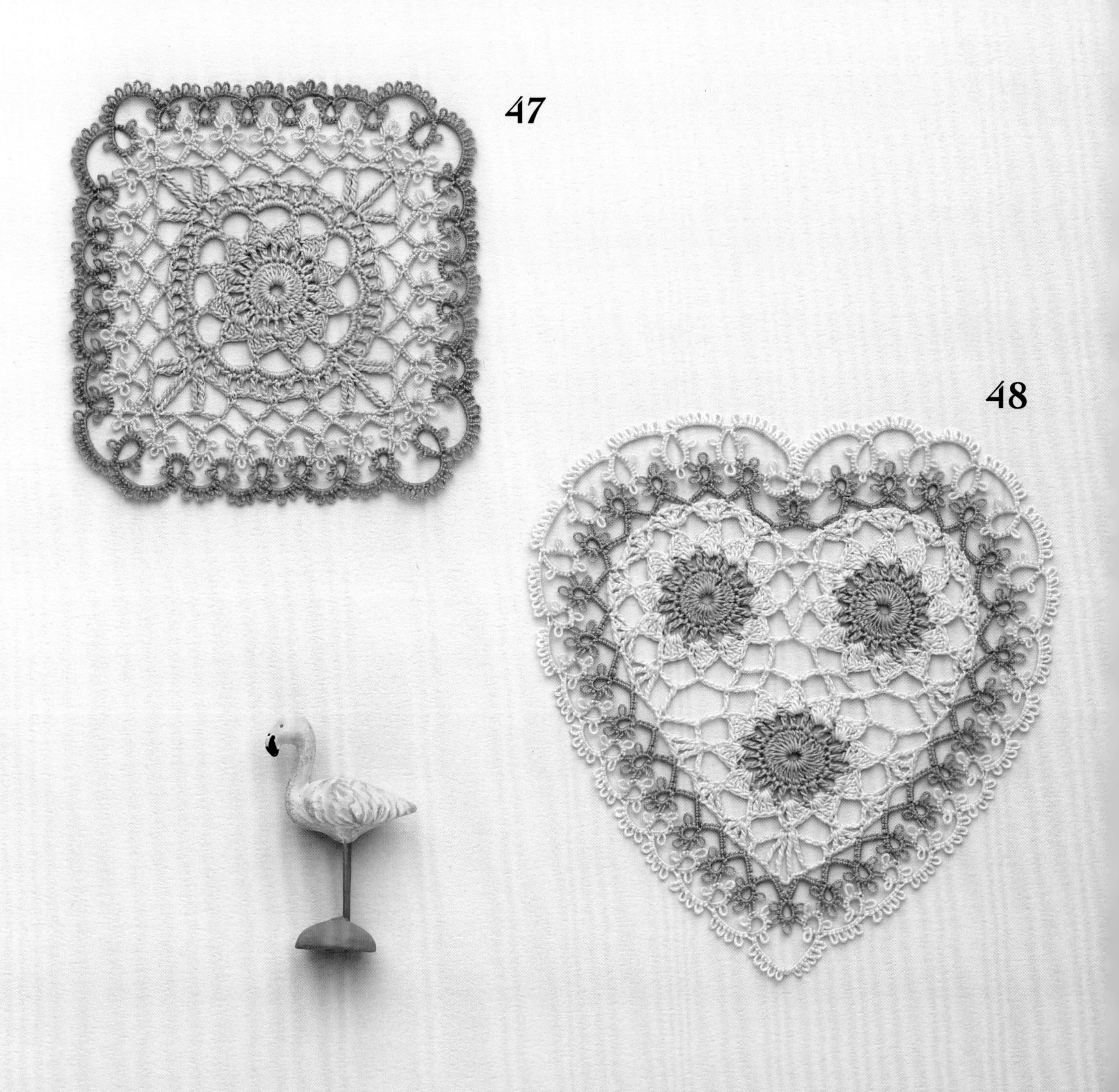

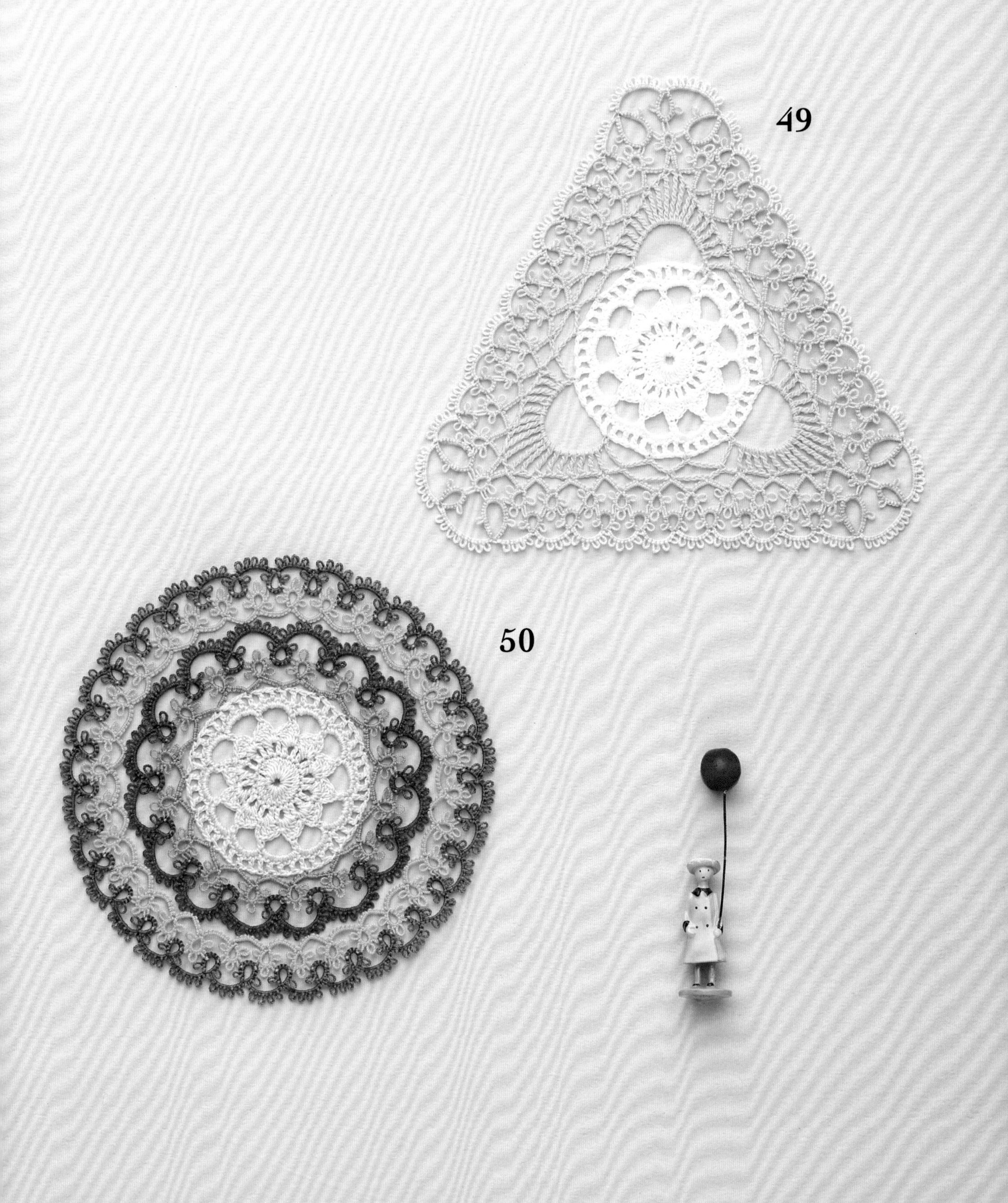
49
50

tablecenter

蓝色花朵桌垫

在镂空图案设计的蕾丝钩织基础上
添加蓝色花朵
喝茶时间也能品味到它的优雅气息……
制作方法：p.57~59

51

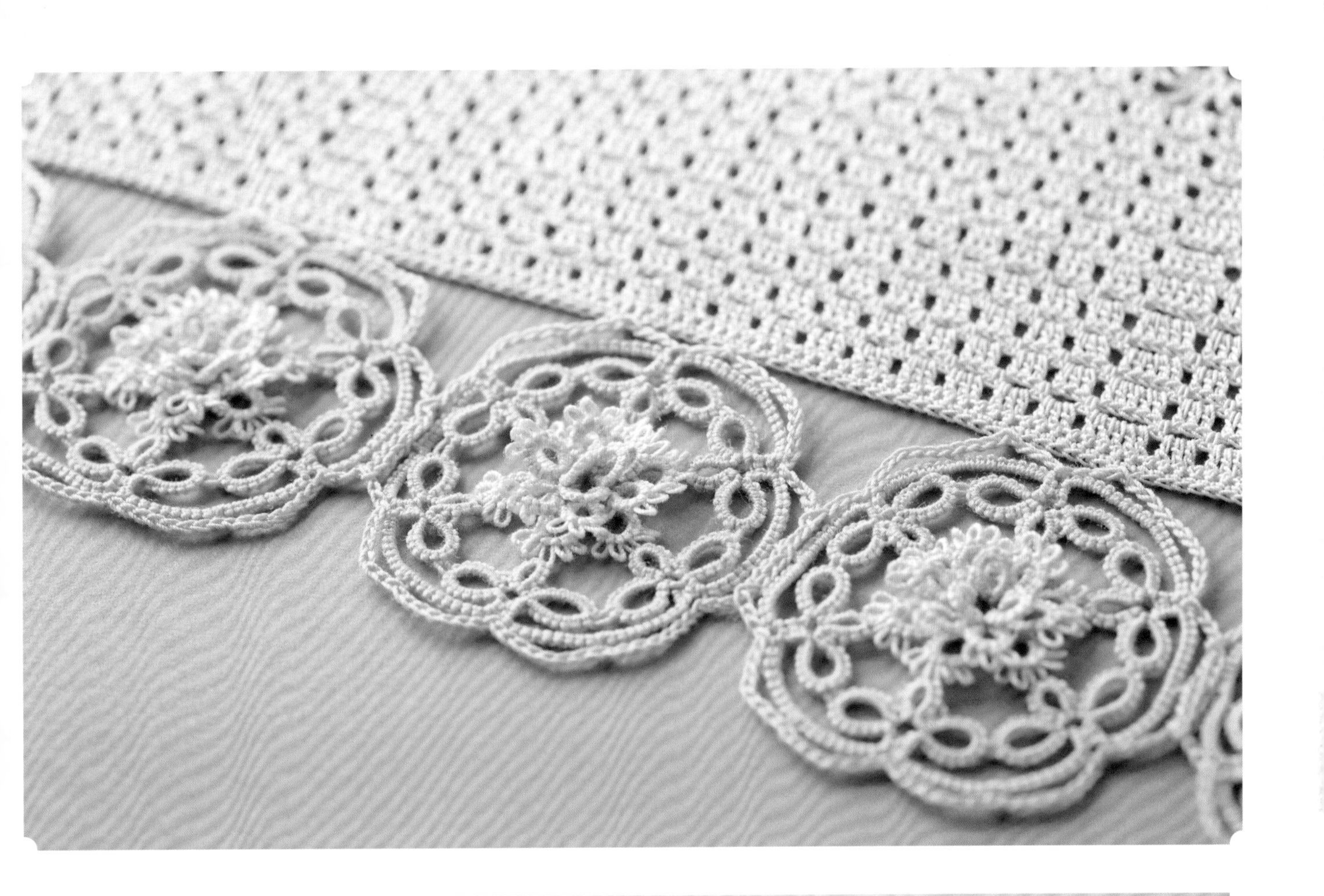

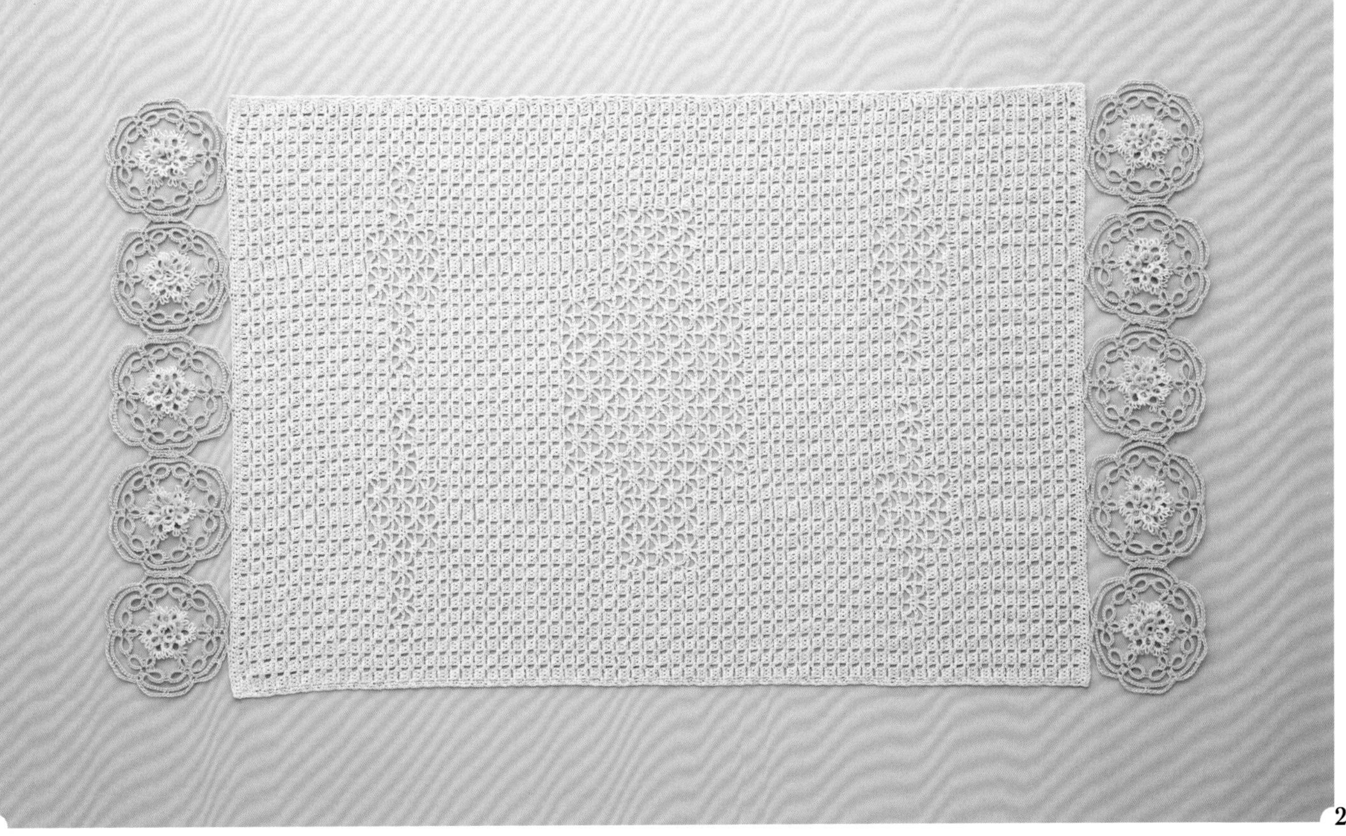

tablecenter

蓬松花朵桌垫

以蓬松奢华的梭编花朵为主角的桌垫，
选用白色，醉心于蕾丝特有的氛围中。
制作方法：p.60~61

52

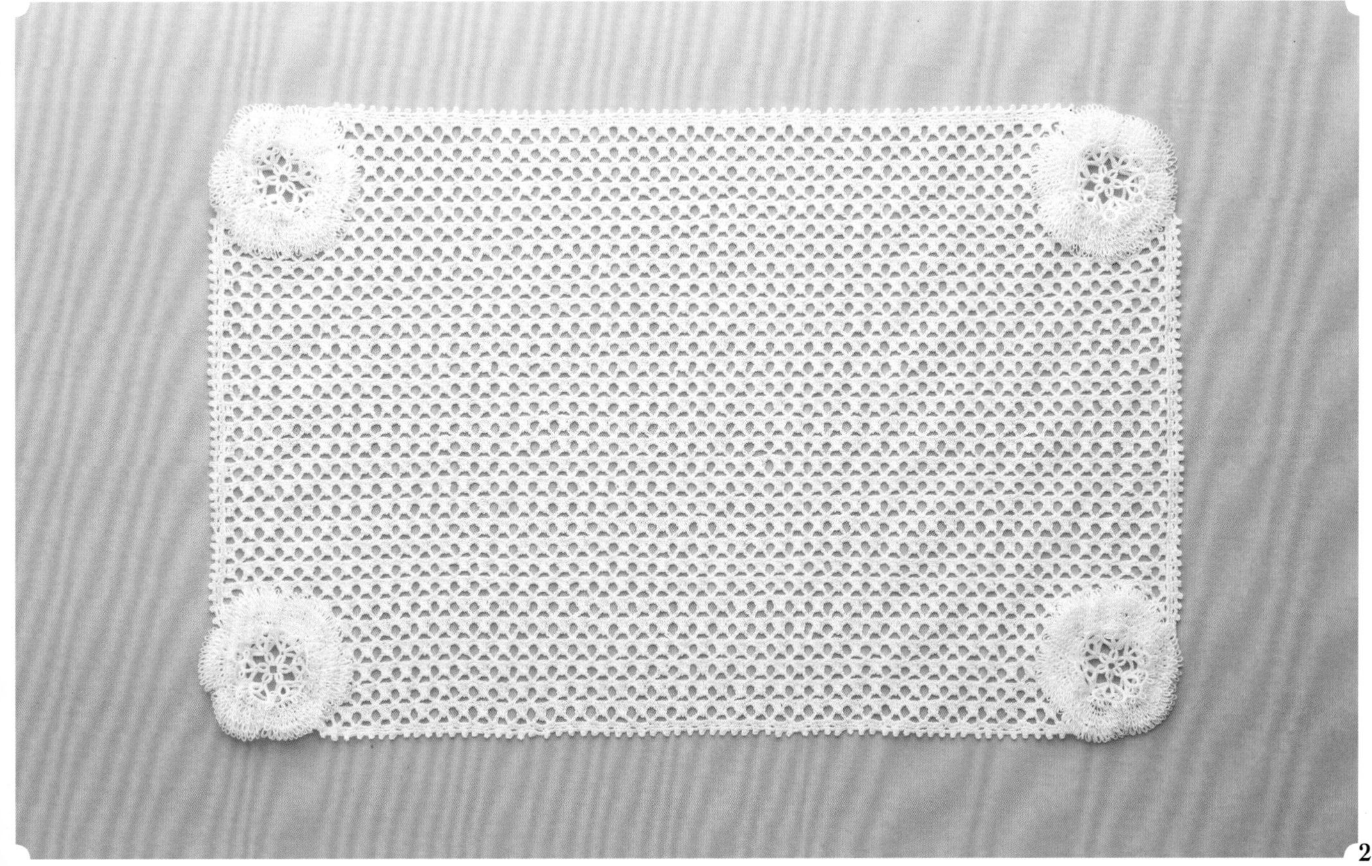

本书中使用的工具和线材介绍 tool & yarn guide

工具

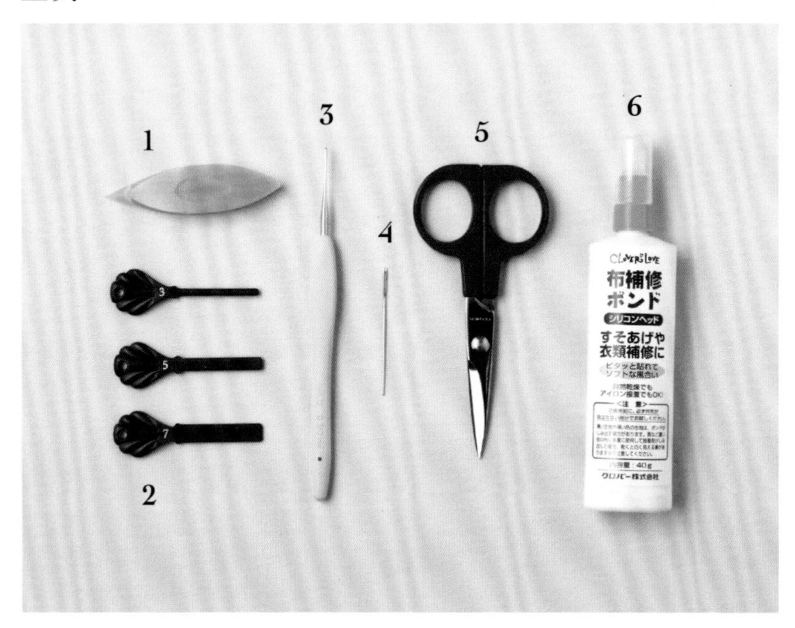

※1 ~ 6 均为 Clover Mfg.co.,Ltd 的产品。

1 凤眼梭
船形的小绕线器。前端尖角款式的凤眼梭使用起来更为方便。

2 耳尺
梭编大小一致的耳时使用。

3 蕾丝钩针
钩织蕾丝及在窄小处拉出线时使用。

4 缝针
线头收尾时使用。

5 剪刀
对于梭编线收尾，及织片上剪线头时，
头部尖细的剪刀使用起来更为方便。

6 布用修补胶水
在线头收尾及防线松散等时使用。用于细微处，因而可挤出微量的胶水使用更为方便。

※ 其他还会用到喷雾胶、电熨斗、熨衣板等。

线材（实物大小）

※ 线材均为 Destination Management Company 的产品

1 SPÉCIAL DENTELLES
蕾丝钩针 8 ~ 10 号、100% 棉、5g 线团、约 97m、72 色。

2 CÉBÉLIA 30 号
蕾丝钩针 4 ~ 6 号、100% 棉、50g 线团、约 540m、39 色。

3 CÉBÉLIA 40 号
蕾丝钩针 6 ~ 8 号、100% 棉、50g 线团、约 680m、39 色。

※1 ~ 3 自左向右表示适用针号→材质→制作规格→颜色种类。
※ 颜色种类为截止 2017 年 4 月时的数据。
※ 由于是印刷制品，难免会有色差。

图解的阅读方法 basic lesson

编结方法页面中的图解，是从正面看织片时所描绘的图。梭编图解表示梭编开始到结束所指定数量的梭结。方向是以右转时编结的正面为正面，左转时编结的反面为正面。关于蕾丝钩织请参考p.62的“蕾丝钩织基础”。

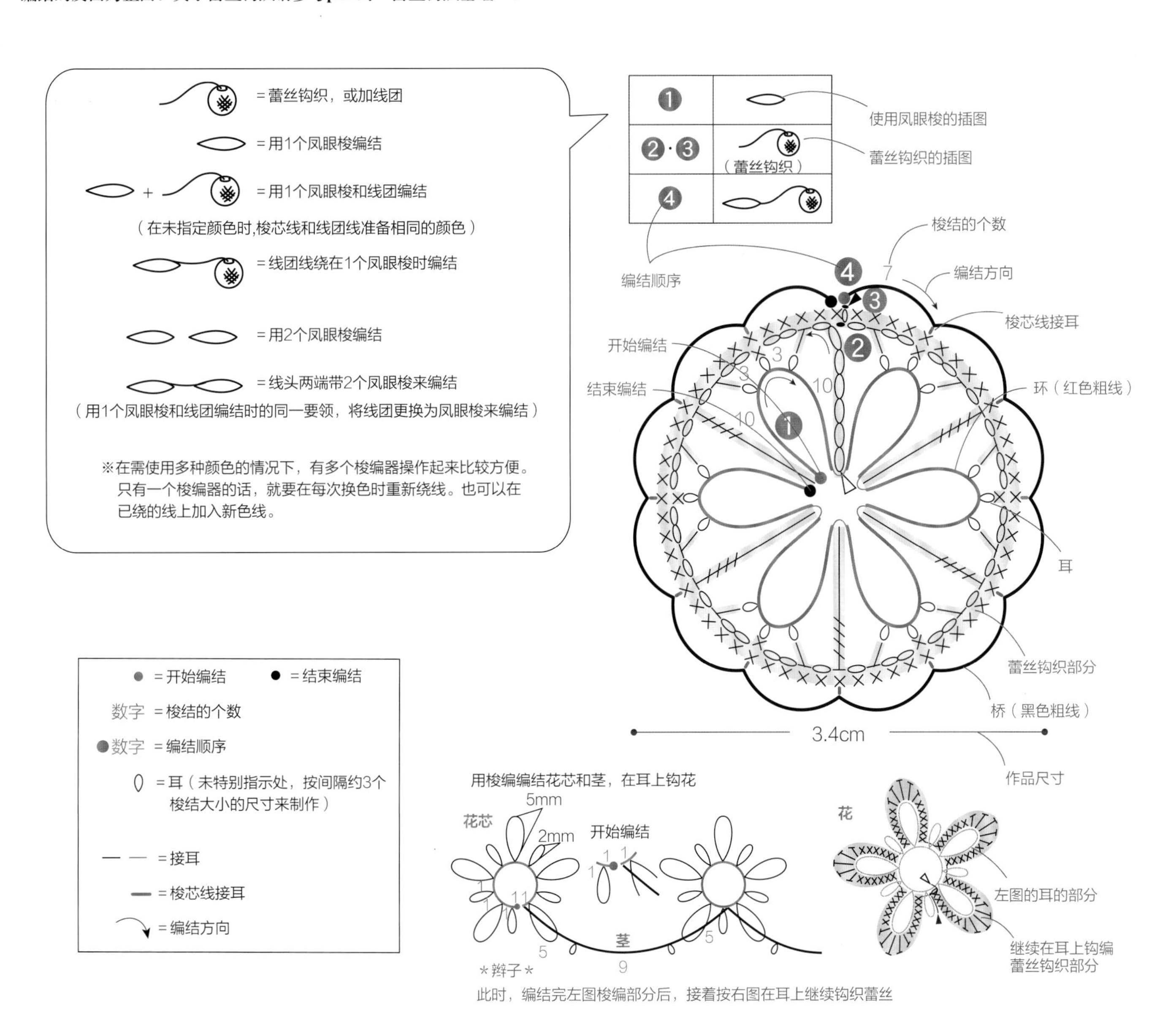

基础索引 index

梭编基础 basic lesson

❀凤眼梭的绕线方法

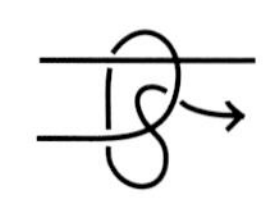

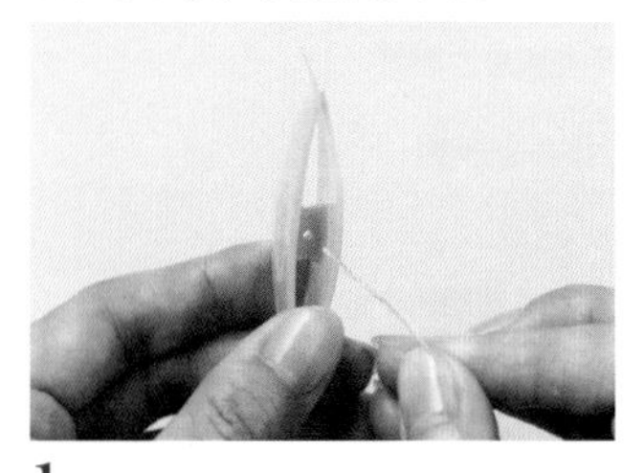

1 左手拿凤眼梭，尖角朝左上，将线穿入凤眼梭中心的孔内。

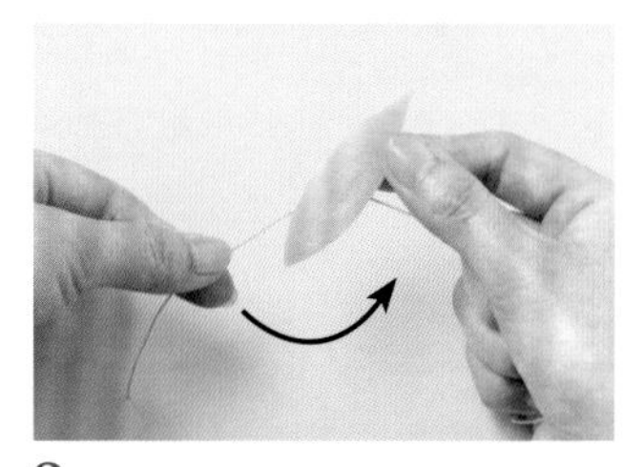

2 换右手拿凤眼梭，左手捏住线头，按图示箭头方向绕线。

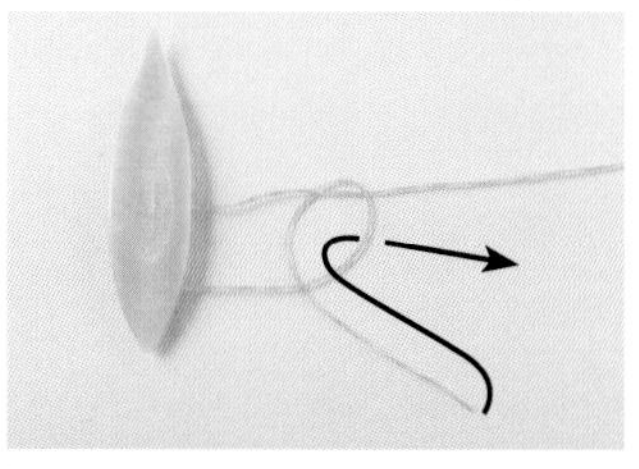

3 将线头挂在线团上，按图示箭头方向穿入环内。

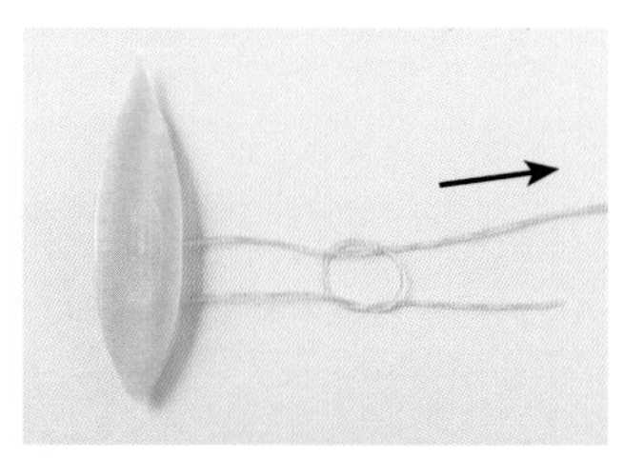

4 将线团的线拉出收紧环。

5 线头的线留 1cm 左右剪断 (a)，拉线团的线将线结收至靠近梭孔处 (b)。

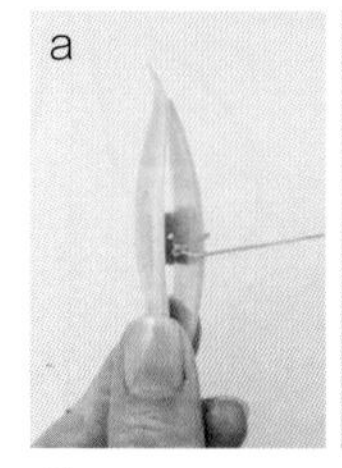

6 靠近后的样子(a)，尖头朝上将线绕在凤眼梭上(b)。

7 将线绕至未超出凤眼梭宽度为止。

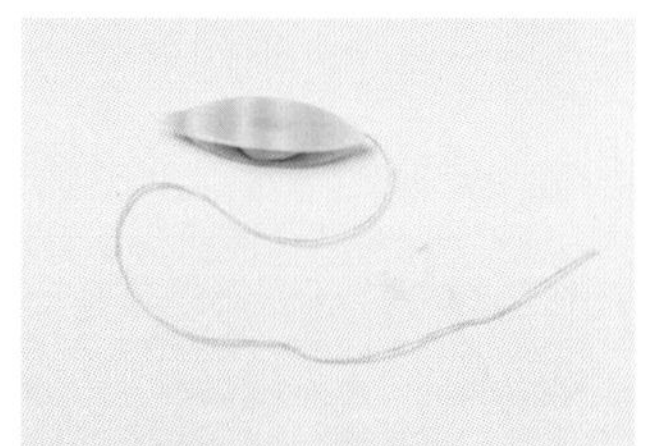

8 线绕好后，留30cm左右的线头断线。

手持凤眼梭的方法

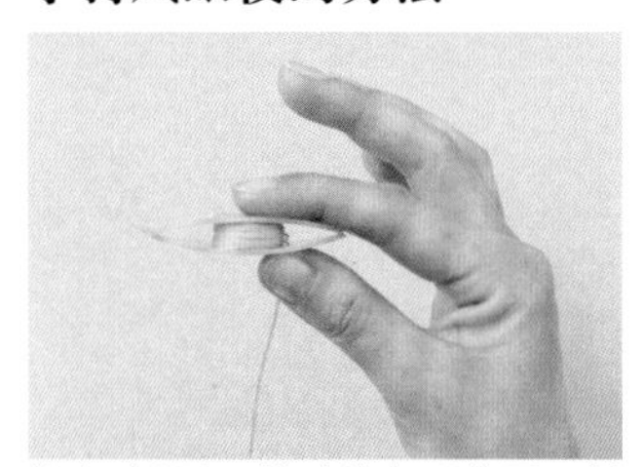

将尖头朝上，线头放在手的另一侧，用右手拇指和食指夹住。

❀左手挂线的方法

梭编环时（1个凤眼梭）

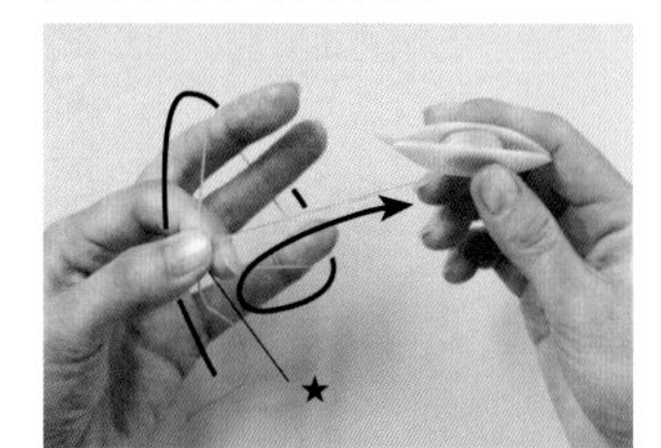

用左手拇指和食指捏住线头（★标志处），将梭芯线绕至外侧形成环，与线头重叠在★标志处捏住。

❀梭结的编结方法（正结和反结计为 1 个梭结）

正结的编结方法

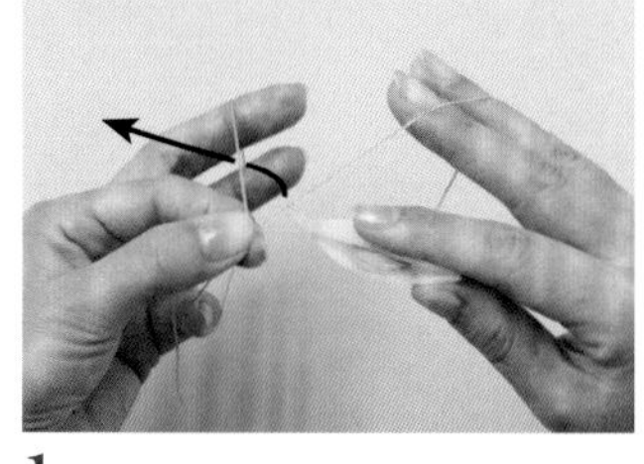

1 将梭芯线挂在右手上（无名指和小指之间），将凤眼梭向左手挂线的下方穿过。

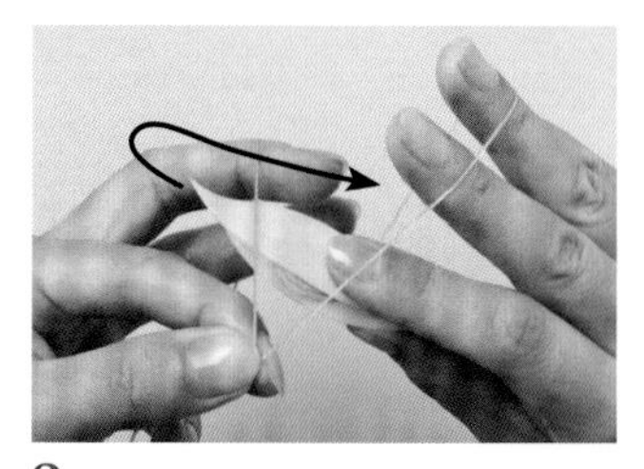

2 穿过时的样子。接着按图示箭头方向从左手挂线的上方穿过凤眼梭。

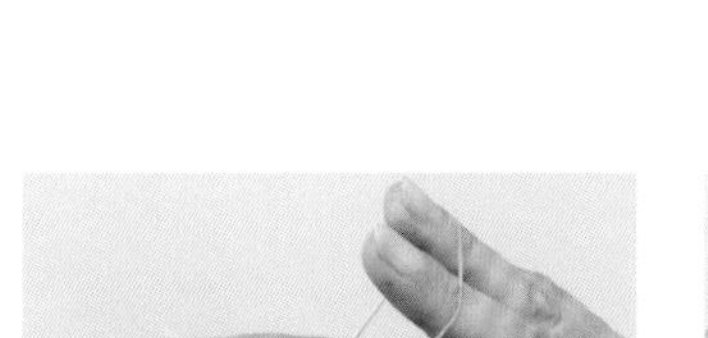

3 穿过时的样子。

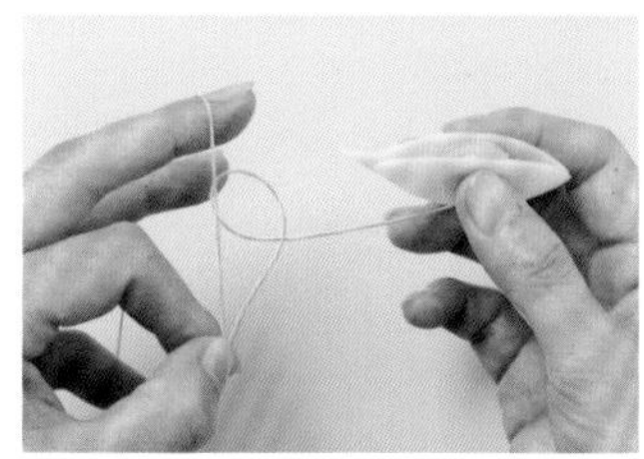

4 穿过后的样子。梭芯线绕在左手挂线上。

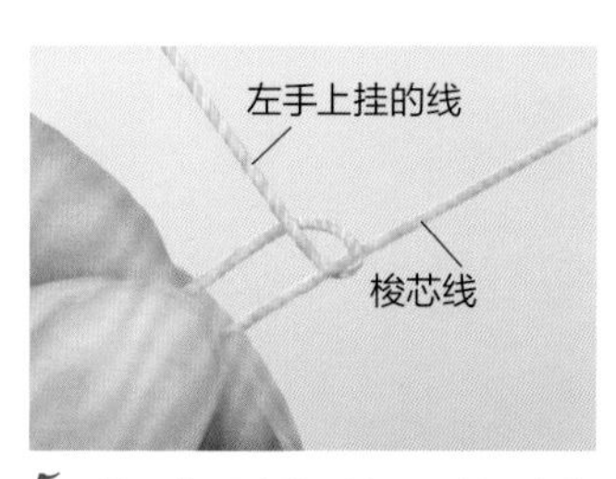

5 松开左手中指，拉凤眼梭。变换为左手挂线绕在梭芯线上。

6 拉左手中指，将线结靠近食指。正结梭编好后的样子。

反结的编结方法

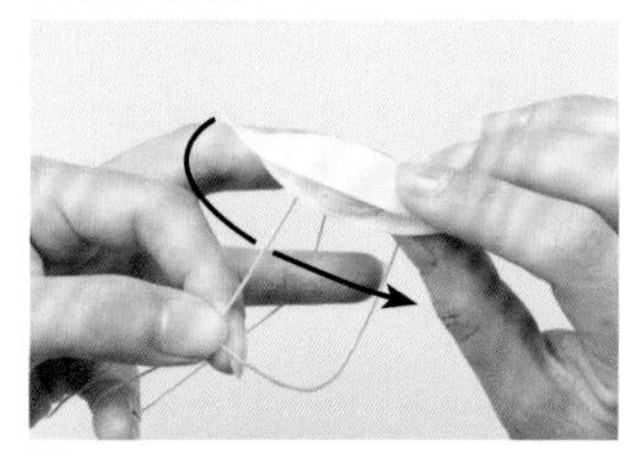

7 将凤眼梭穿过左手挂线，接着按图示箭头方向将凤眼梭穿过线的下方返回。

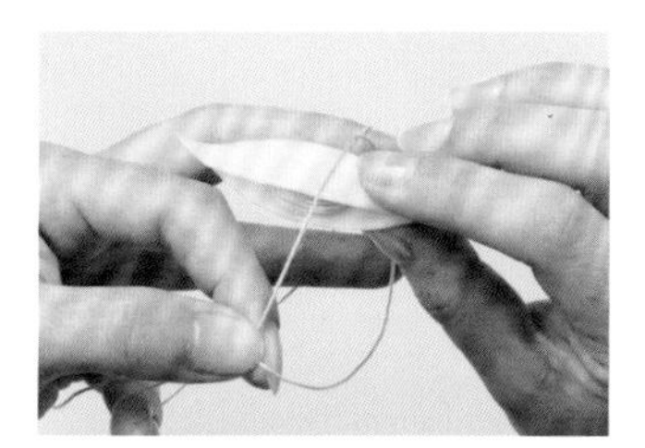

8 返回时的样子。

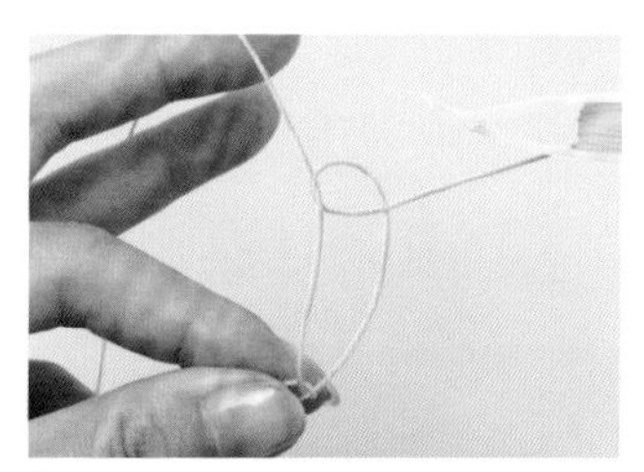

9 返回后的样子。梭芯线绕在左手挂线上时的状态。

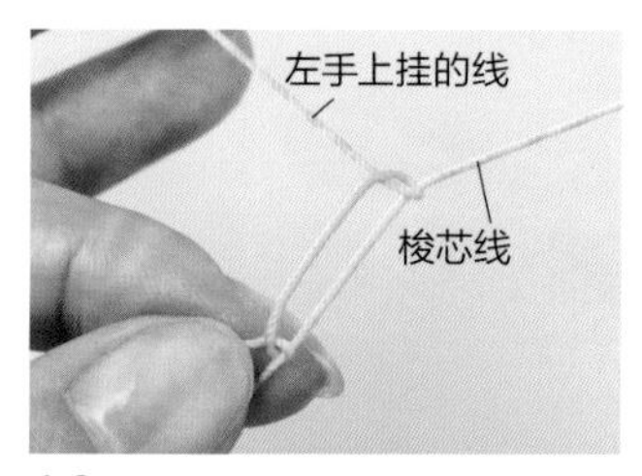

10 松开左手中指，拉凤眼梭。变换为左手挂线绕在梭芯线上。

11 梭完上结后梭下结，完成1个梭结后的样子。

12 重复梭编上结和下结，图示为完成4个梭结后的样子。

❀梭结的计数方法

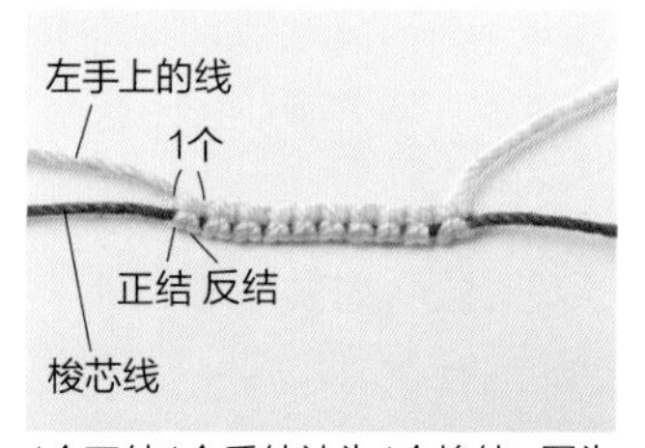

1个正结1个反结计为1个梭结。图为梭编10个梭结后的状态。凤眼梭的线为梭芯线，左手上的线为编结线。

❀梭编错误时

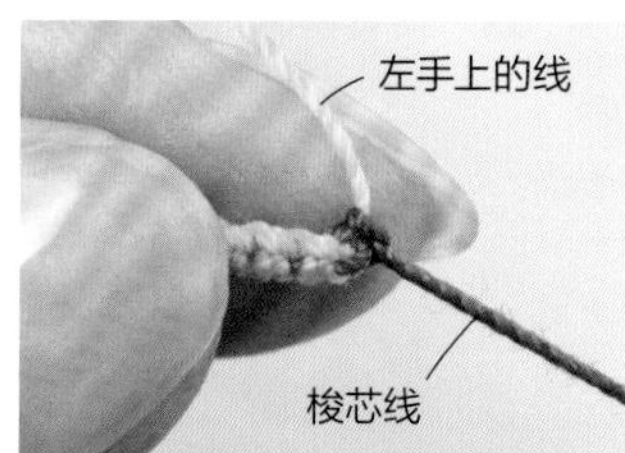

用梭芯线编结后的状态。要时刻留意让梭芯线作为芯线进行编结。

梭编基础 basic lesson

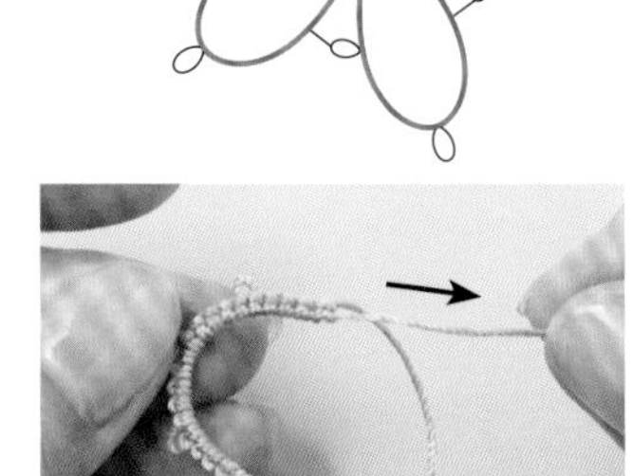

❀环的梭编方法

1 参考p.28在左手上挂编结线，梭编5个梭结。

❀耳的梭编方法

2 空出2倍耳高度的长度编1个梭结（a）。将编好的1个梭结拉靠过来。耳就完成了。

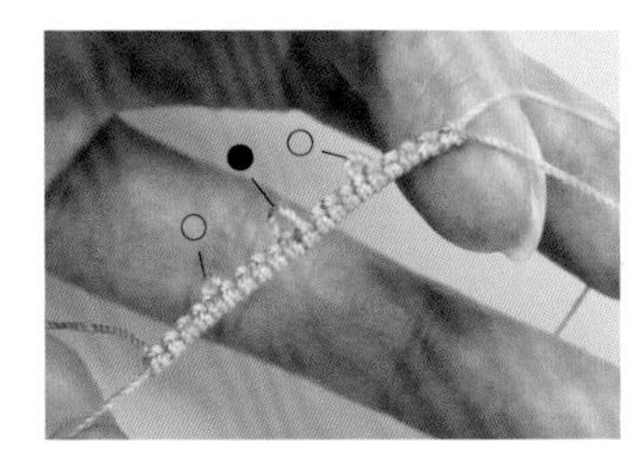

3 参考图解编梭结和耳。○是和相邻环接耳用的耳，●是装饰耳，长度可依据设计来调整。

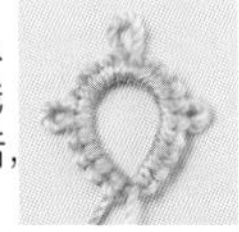

4 将梭编好的花片从手上取下来，拉梭芯线收紧成环。整理外形后，环就完成了。

❀继续梭编环

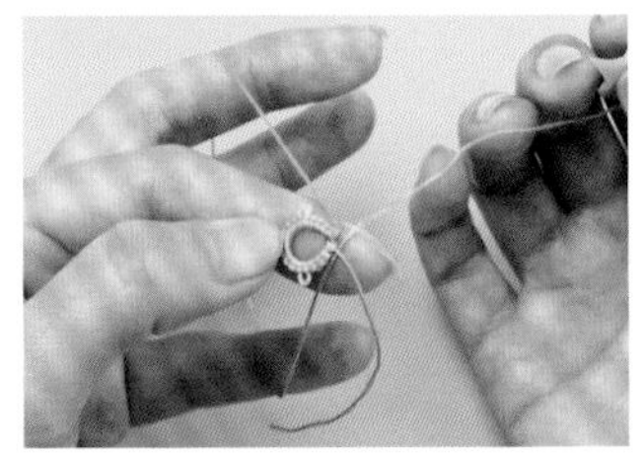

5 用左手拇指和食指拿环，将线挂在左手上作成环。

❀接耳（花片相向连接）

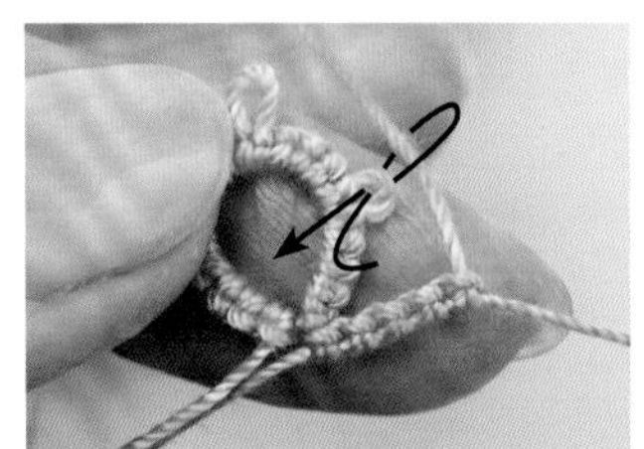

6 编第2个环的5个梭结，按图示箭头方向从将左手上的线从耳处拉出。

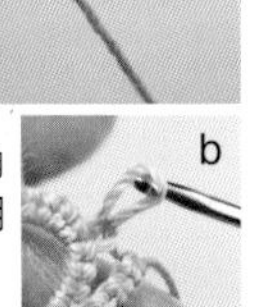

7 用凤眼梭的尖角（a）或在耳过小时用蕾丝钩针抽出（b）。

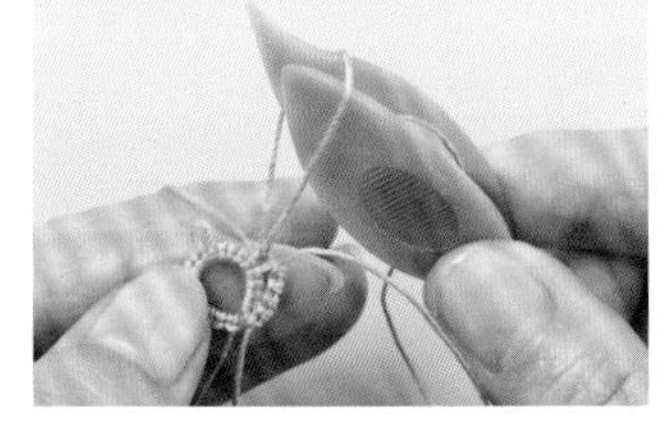

8 从抽出的线圈中穿过凤眼梭。

9 抽线收紧。接耳相连后的样子。接着参考图解继续编结，收紧成环。右下图为梭编完2个环后的样子。

❀环与多个圆形的连接（最后的接耳方法）

10 4个环相连，编至第5个环的接耳处。按图示箭头方向弯折第1个环。

11 第1个环在反面时的状态。如图示箭头方向将蕾丝钩针插入耳内，将线拉出。

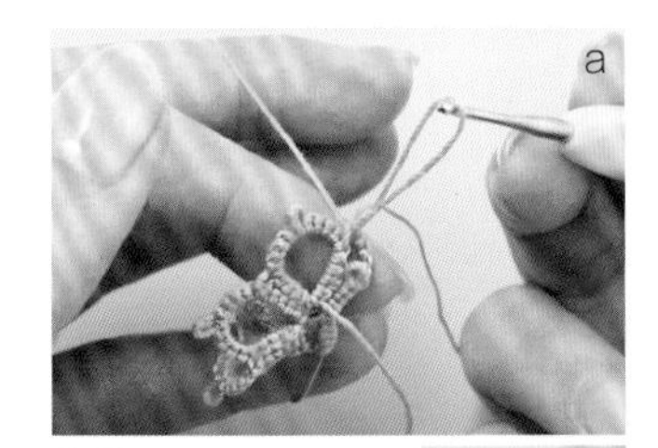

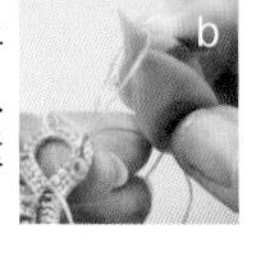

12 拉出后的样子（a）。将凤眼梭穿入拉出的线圈后收紧（b）。

❀线头的收尾（线头为 2 根时）

13 收紧接耳后的样子。继续编5个梭结。

14 编好结后打开弯折的花片（a）。收紧环，5 个环相连后的样子（b）。

15 将线头在花片的反面打1次结(a)，在线结处涂胶(b)。胶水干之前再打1次结。

16 待胶水干透后用剪刀断线。

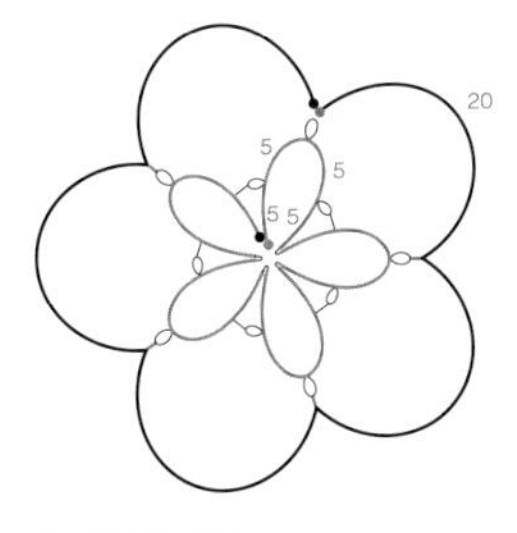

❀梭编桥（1 个凤眼梭 + 线团）

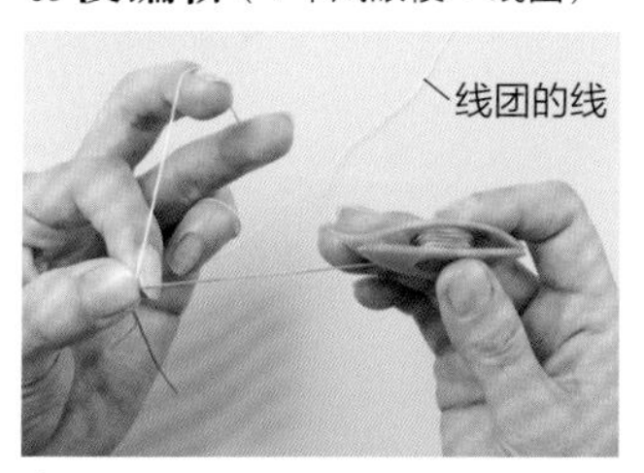

1 用左手拇指和食指捏住线团的线头，绕向手的另一侧缠在小指上。接着将梭芯线的线头和编结线重叠捏住。

2 编 20 个梭结 (a)，拉梭芯线使梭结形成一条曲线 (b)。

❀梭芯线接耳（花片朝相同方向相连时）

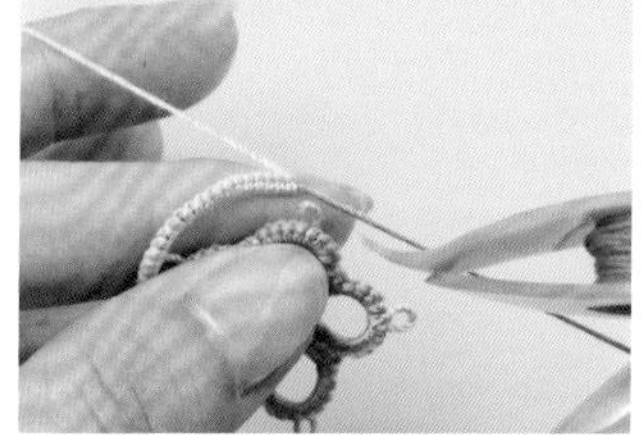

3 在接耳处和桥的芯线重叠，拉出梭芯线。

4 拉出后的样子。将凤眼梭穿过线圈并收紧。

5 收紧，梭芯线接耳完成后的样子。

❀线头的收尾（线头为 4 根时）

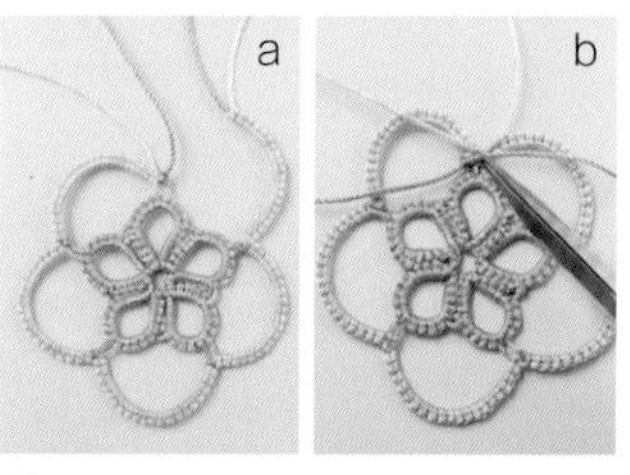

6 参考图解继续编结(a)，结尾处芯线和芯线，编结线和编结线间相互收尾（请参考p.31）。

❀完成

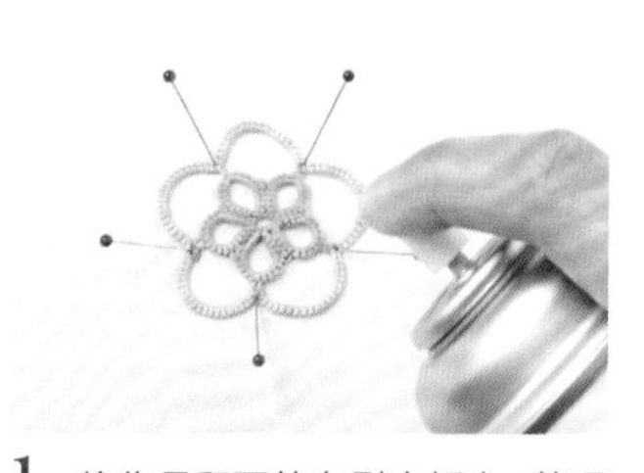

1 将作品翻面放在熨衣板上，整理形状用定位针固定，在整个花片上喷胶水。为便于熨烫，定位针要斜着插入。

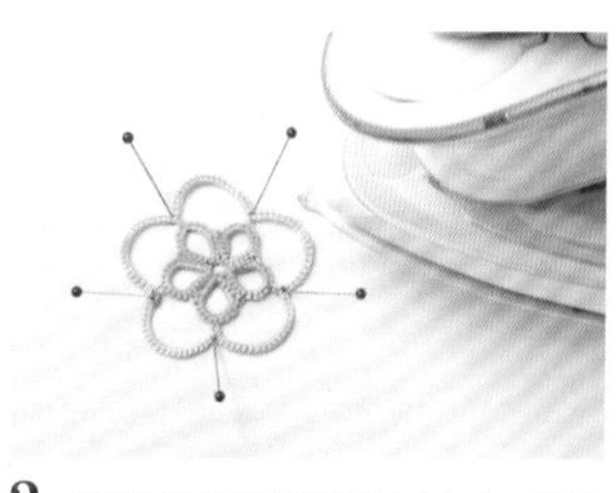

2 轻轻地将蒸汽熨斗压上去，待干透后取下定位针。

梭编基础 basic lesson

❀拆环的方法

1 有耳的情况时，拿着接近结尾处耳两侧的梭结，打开右侧梭结，打开芯线的线圈。图片为打开梭结后的样子。

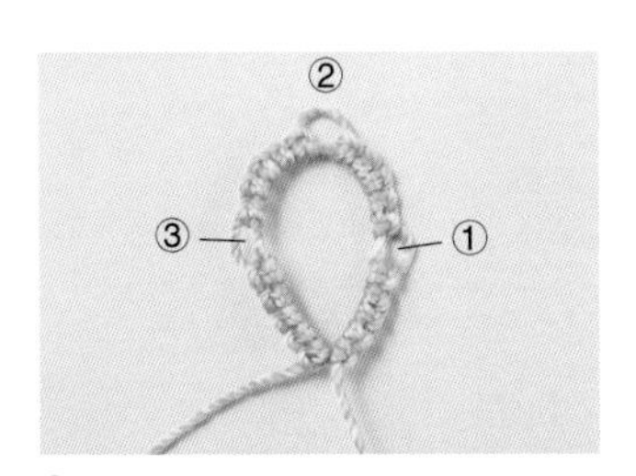

2 一边将耳的梭结按①②③的顺序打开，一边一点点地打开芯线的环。

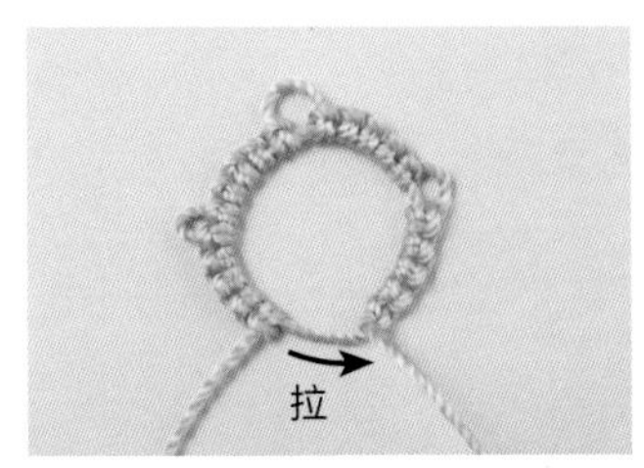

3 压住松开的耳，芯线露出后拉芯线打开线环。

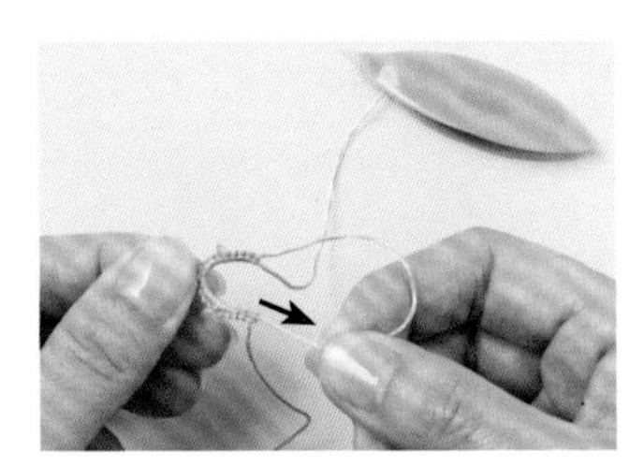

4 拉芯线将环打开时的样子。

❀拆梭结的方法

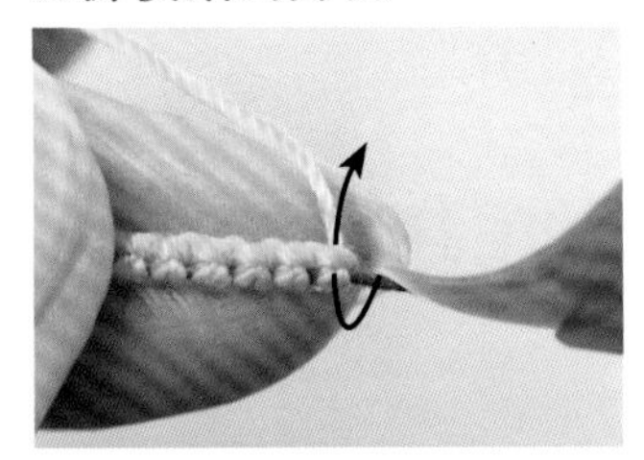

1 从最后梭编的反结开始拆。按图示箭头方向在梭结处插入凤眼梭的尖头。

2 图片为尖头插入稍稍拉出后的样子。

3 继续拉，然后将凤眼梭从线圈穿过。

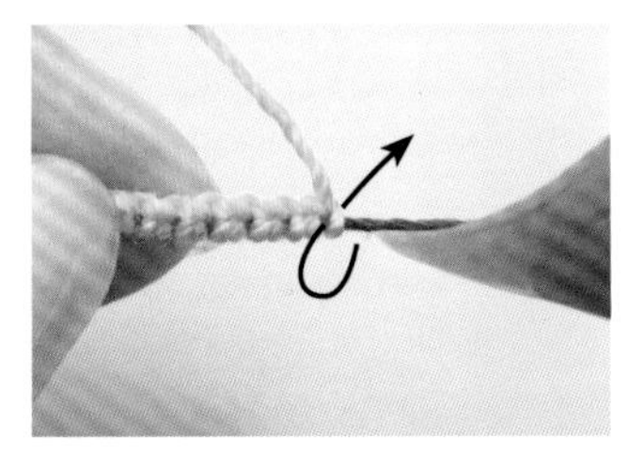

4 反结拆开后的样子。接着按图示箭头方向插入凤眼梭的尖头。

5 拉线打开线圈。松开凤眼梭，将凤眼梭从线圈的另一头穿过。

6 正结拆开，完成拆1个梭结后的样子。

❀左手上的环变小时

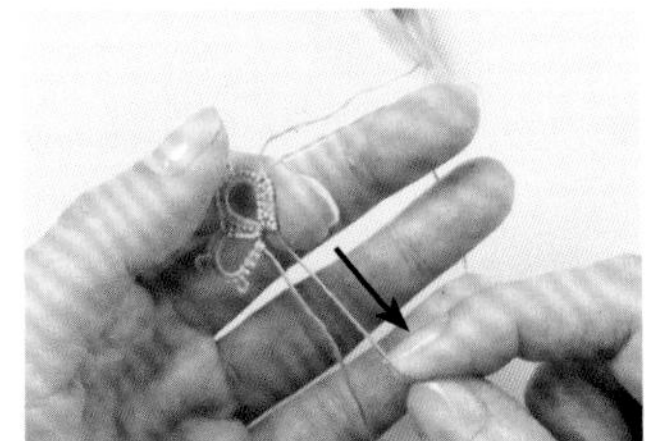

将花片用左手拇指和食指压住，将芯线往靠近自己的方向拉，这样环就变大了。

❀梭芯线变短时

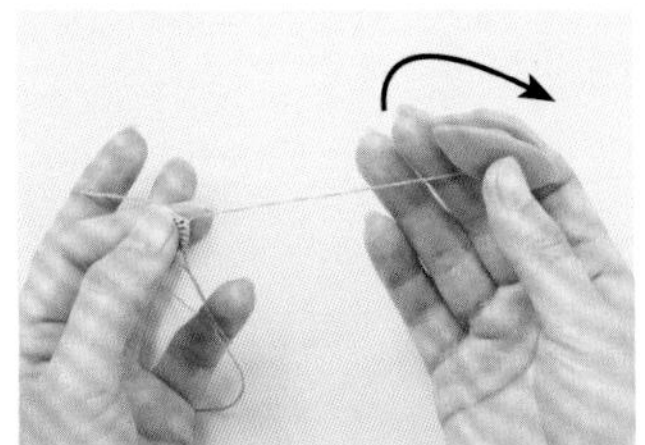

按图示箭头方向转动凤眼梭，绕的线就滑落出来了。

●梭编与蕾丝钩织的组合

※ 在此用 p.4 的 2「香橙」来讲解

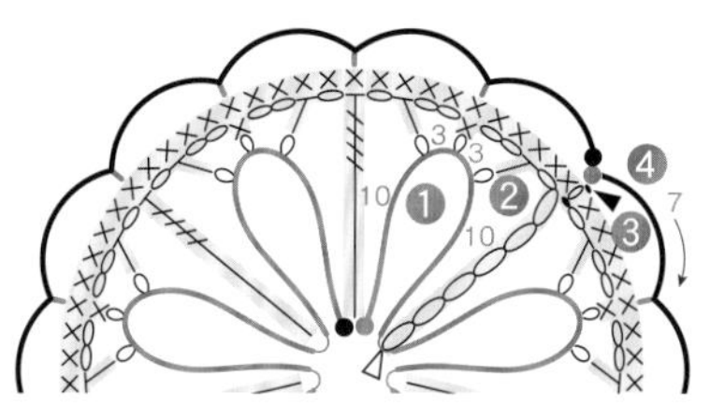

❀在梭编上进行蕾丝钩织

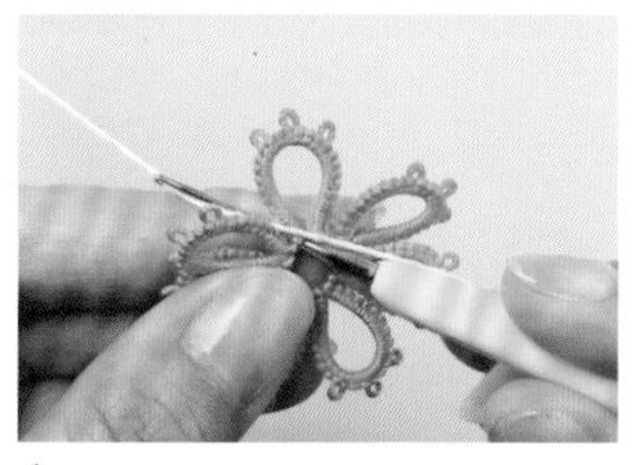

1 用梭编方式编结1圈的环。在中心插入钩针，在针头上挂线。

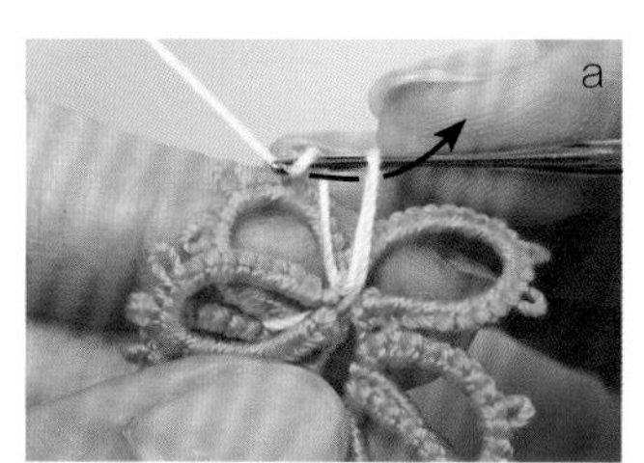

2 拉出线，接着在针头上挂线。按图示箭头方向拉出线。右下图为拉出带线时的样子。

3 钩 7 针锁针（6 针起立针 +1 针花样钩织），在针头上挂线 (a) 接着在耳内钩中长针 (b)。

钩织四卷长针

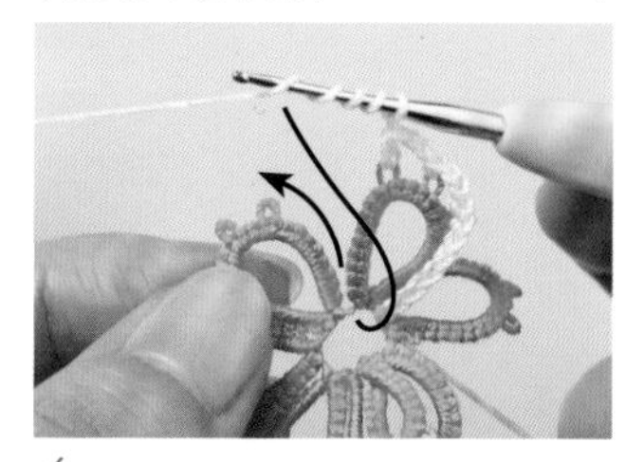

4 在针上绕4次线，按图示箭头方向在中心插入钩针。

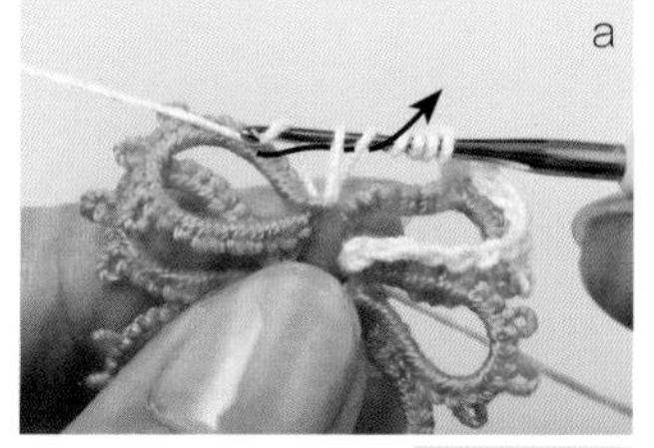

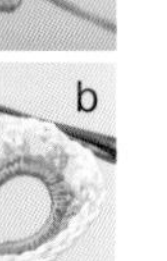

5 挂线拉出(a)，重复5次「挂线从2个线圈拉出」。b是完成1针四卷长针后的样子。

第 2 圈结束钩织

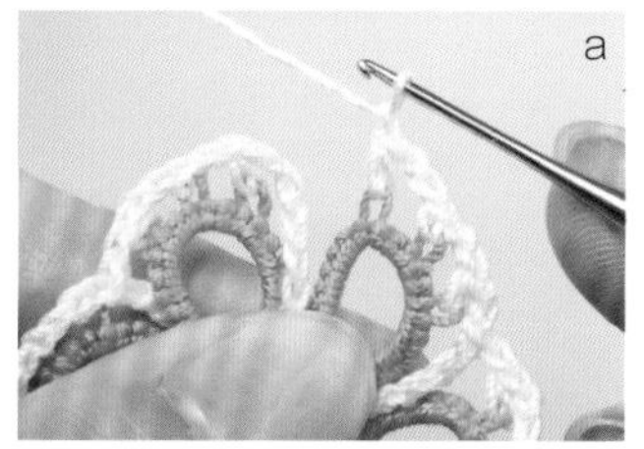

6 按图解继续钩织 (a)，结束钩织是在开始钩织的第6针锁针上插入钩针钩引拔针 (b)。接着钩1针第3圈的锁针起立针后，钩织短针。

❀蕾丝钩织的线头收尾

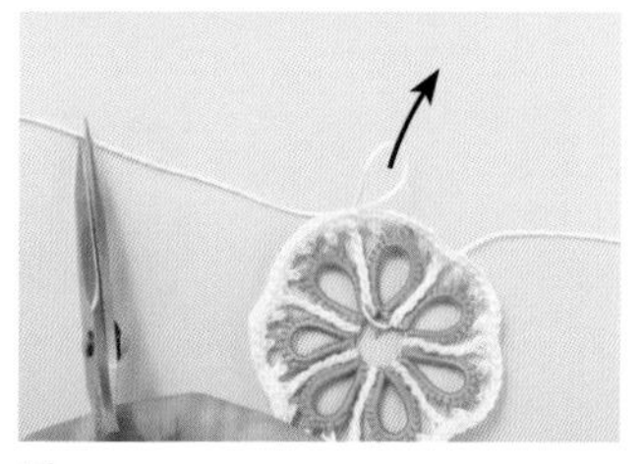

7 用蕾丝钩织方式钩完第3圈后，留少许线头断线，抽线圈将线拉出。

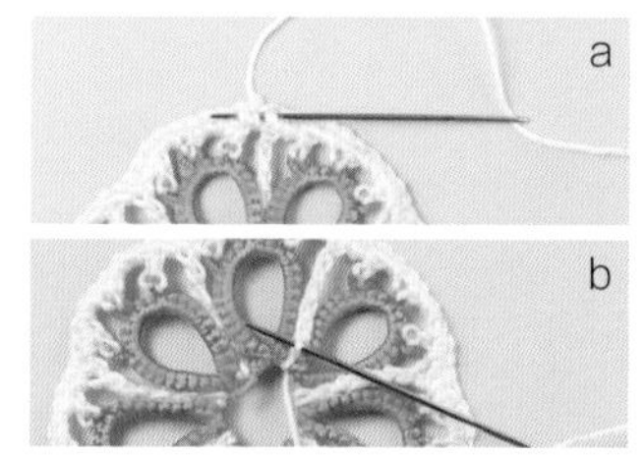

8 将花片翻面，线头穿针，在花片上穿绕 3 ~ 4 针，剪断线头 (a)。开始钩织一侧也按同样方法收尾 (b)。

❀在蕾丝钩织上梭编时（梭编桥）

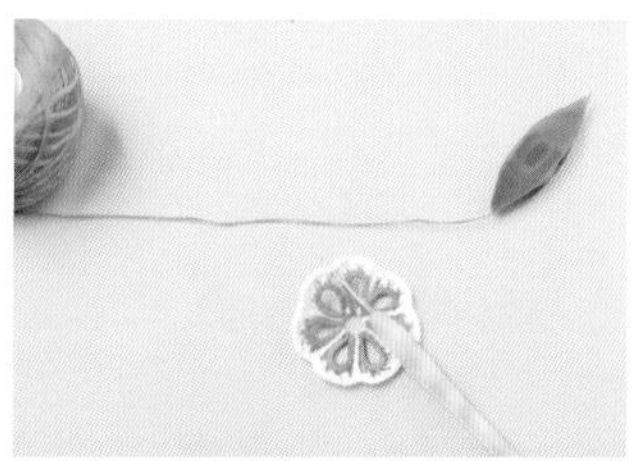

9 梭编桥时，要准备好将线团上的线绕至凤眼梭，在花片第3圈的指定位置上插入钩针。

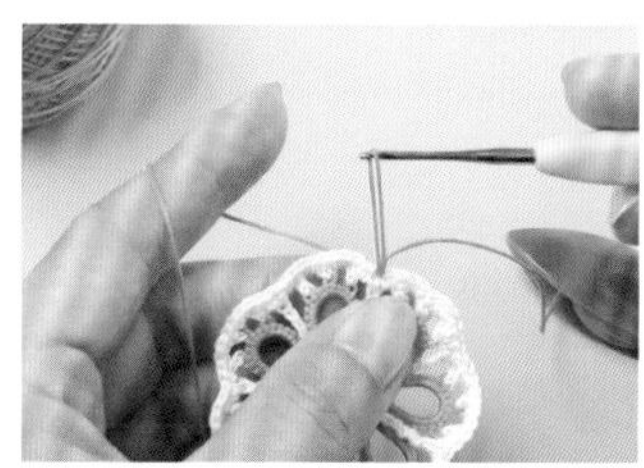

10 针上挂线拉出。

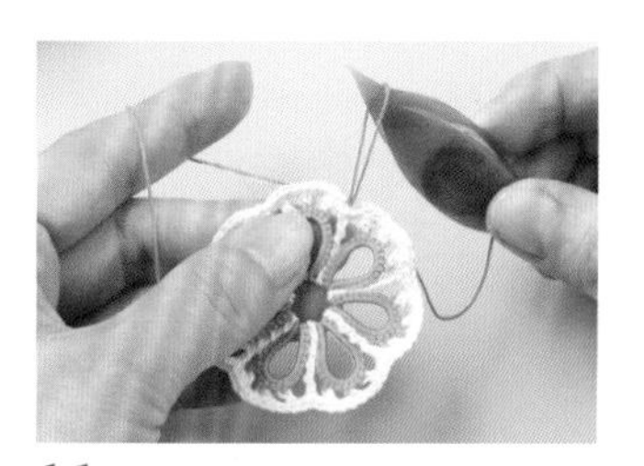

11 将凤眼梭穿过拉出的线圈并收紧（梭芯线接耳）。

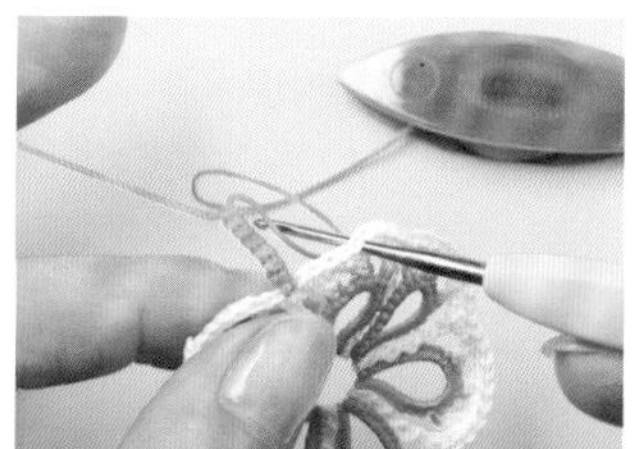

12 梭编7个梭结的桥，在第3圈的指定位置上插入钩针，拉出梭芯线。

❀线头的收尾（将线头穿过梭编起始处时）

13 拉出后的样子。将凤眼梭穿过线圈收紧。

14 用梭芯线接耳的方法和蕾丝钩织相连后的样子。

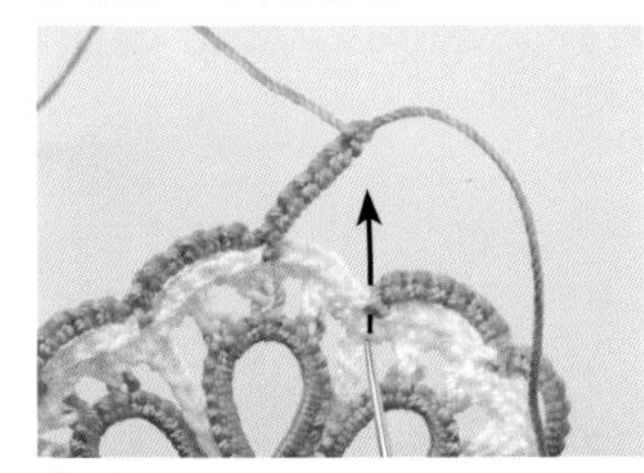

15 参考图解梭编1圈后，将芯线穿缝针，将线穿过开始钩织处的梭结。

16 请参考p.31将线收尾。

●叶片的解说

※ 在此以 p.12 的 27 为例来解说

❀双耳的梭编方法

梭编花芯

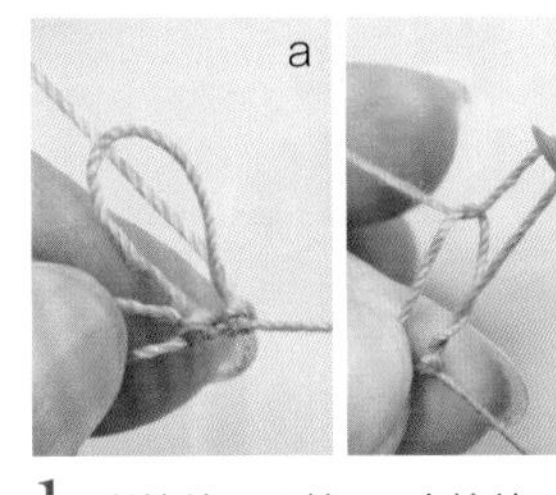

1 以梭编环开始，1 个梭结、长耳（请参考 p.35）、1 个梭结 (a)。用拇指和食指紧紧捏住大约长耳长度的一半处，用凤眼梭的尖头将左手的线拉出 (b)。图片是为了尽可能清楚了解到底部状况来拍摄的。

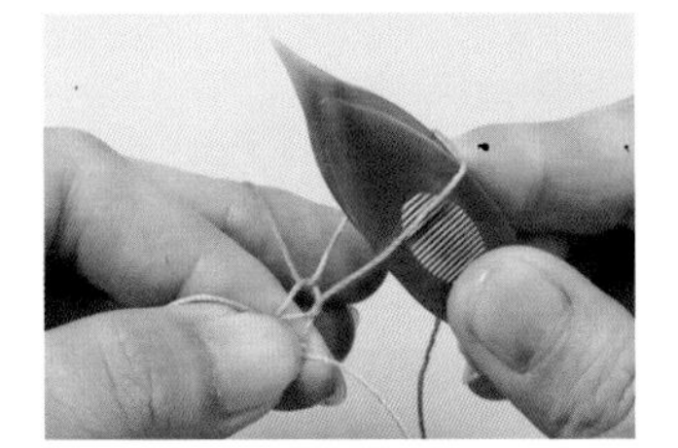

2 将凤眼梭穿过拉出的线圈收紧。

3 a 是继续梭编 1 针梭结，完成双耳后的样子。（直到梭编完成前，梭结都不要离开捏住的手指）。b 为梭编 5 次双耳后的样子。

❀梭编花茎

4 将花芯翻面，梭编线挂在左手上开始梭编桥(b)。图片为翻到正面后的样子。

❀将环与花芯相连

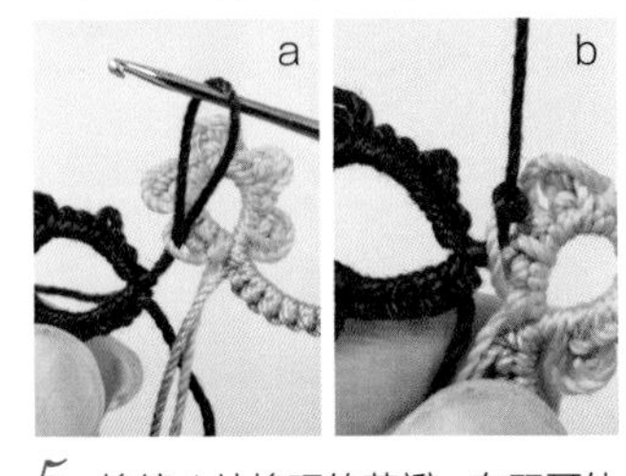

5 梭编 1 片梭环的花瓣，在双耳外侧的线圈内插入钩针，将梭芯线拉出 (a)。将凤眼梭穿过拉出的线圈收紧（梭芯线接耳）(b)。

6 梭编完1圈后将线头收尾。在双耳所剩的内侧线圈内插入钩针，将花瓣的线拉出带线。

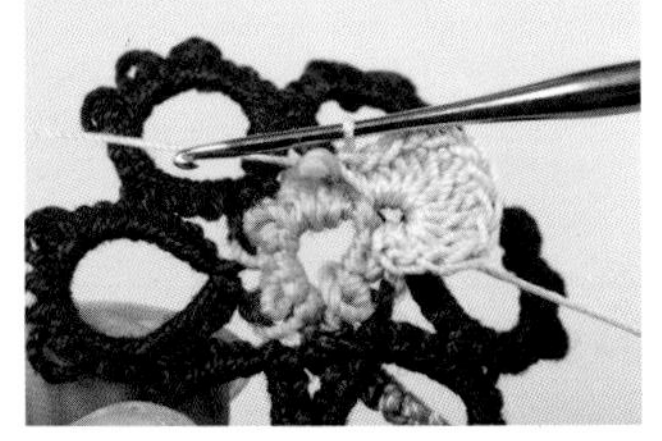

7 参考图解继续钩织花瓣。图片为完成1片花瓣后的样子。

8 完成双耳外侧梭编花瓣，内侧蕾丝钩织花瓣后的样子。

重点课程 point lesson

3 图片：p.4

❀长耳的梭编方法

1 梭编1个梭结，顶着耳尺从耳尺的反面穿过凤眼梭梭编1个梭结。

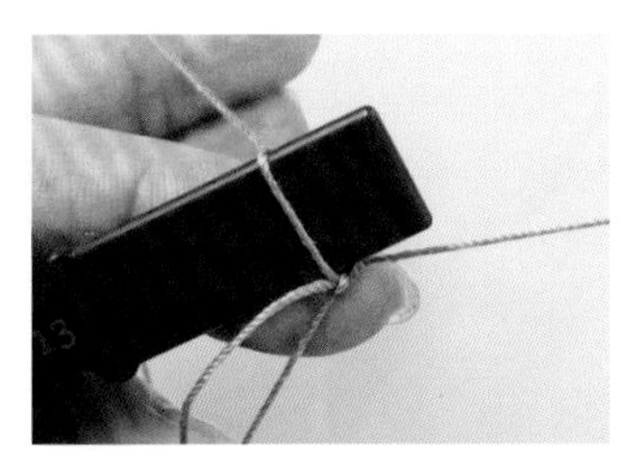

2 包裹耳尺梭编1针梭结时的样子。使用耳尺可梭编出大小一致的耳。

❀模拟耳的制作方法

3 在耳高（1mm）处打2次结。

4 打结完成1个模拟耳后的样子（作品是将花片翻面进行第2圈的梭编）。

14 图片：p.6

❀渡线方法

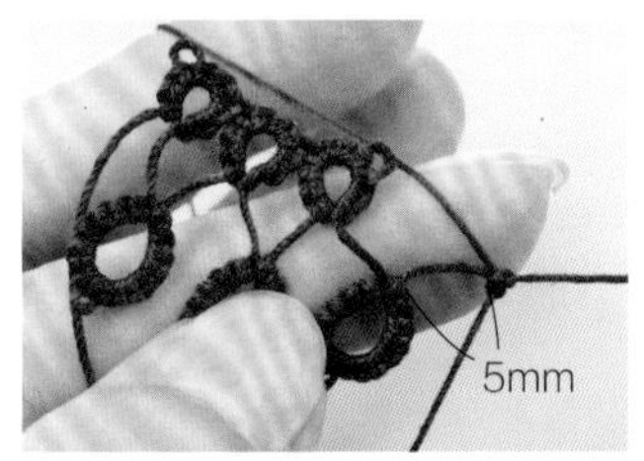

1 收紧外侧的环，将花片翻面拿着，留出渡线长度开始梭编内侧的环。

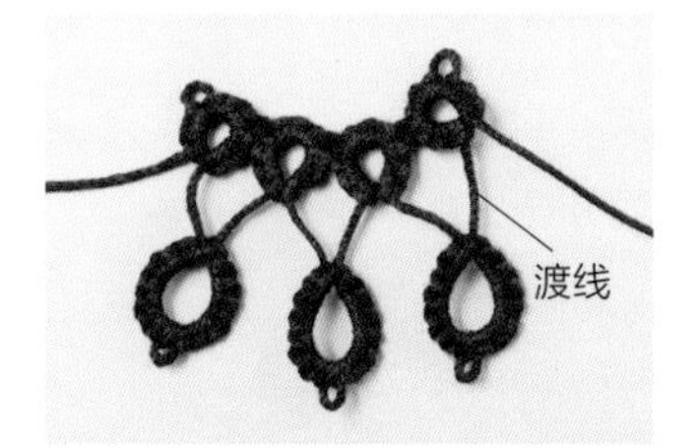

2 内侧环梭编完成后的样子。

23,25 图片：p.10

❀梭编花芯和花茎

1 用双耳方法制作的花芯，用梭结和耳编结茎和叶。

❀耳上钩织叶片

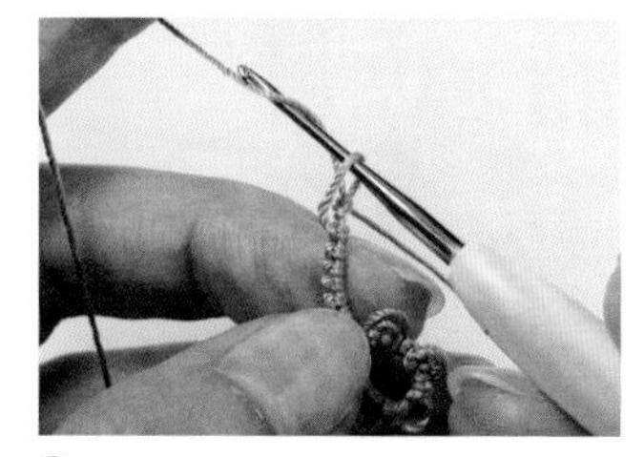

2 暂停用凤眼梭，将钩针插入耳内挂线（线团的线）。

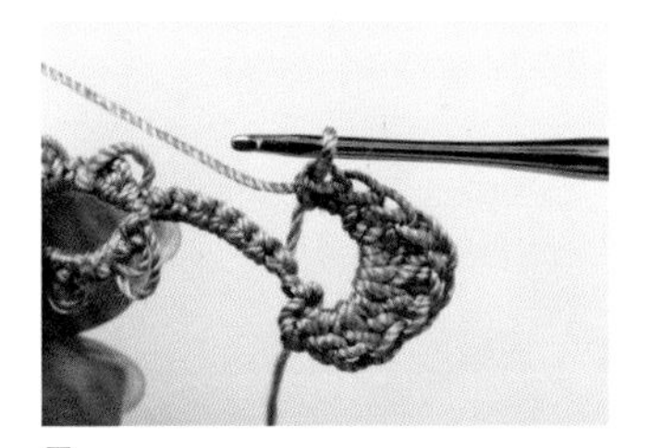

3 拉出线，参考图解用蕾丝钩织方法钩叶片。

4 打开针上挂的线圈，将花芯搭在线团的线上。

5 搭上去后的样子。将线团从线圈中穿过。

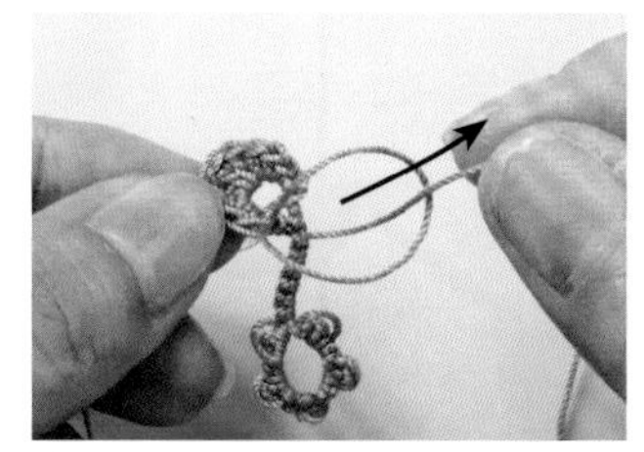

6 穿过收紧线后的样子。用线团的线和线环包住花茎。

❀钩织花瓣

7 钩织完叶片的样子。

8 接着钩织完花茎的样子。

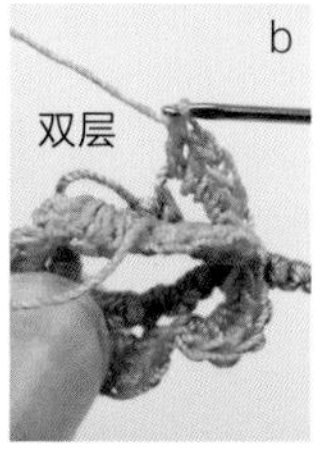

9 单层花瓣是将内侧梭结和外侧线圈一起挑起钩织(a)，双层花瓣是从耳的内侧线圈开始钩织，结束编织处开始继续钩外侧线圈(b)。

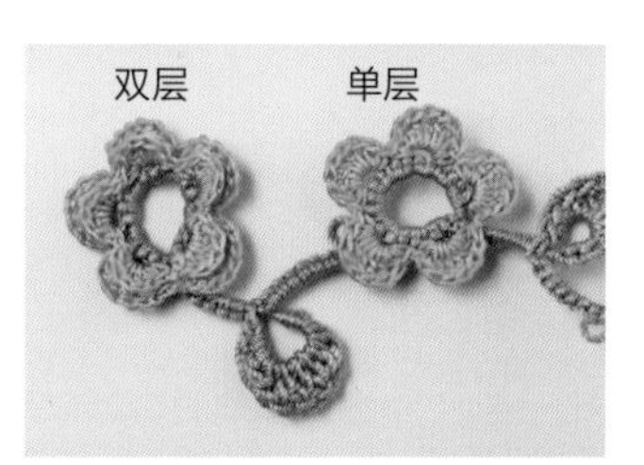

10 整理花朵方向，(请参考p.31)完成。

29 图片：p.12

❀将花用叶片相连

1 叶片A是起9针锁针，再钩1针锁针起立针。按图示箭头标记处带线与锁针起立针相连。挑起另一侧的半个针脚和里山引拔钩至靠近自己跟前处。

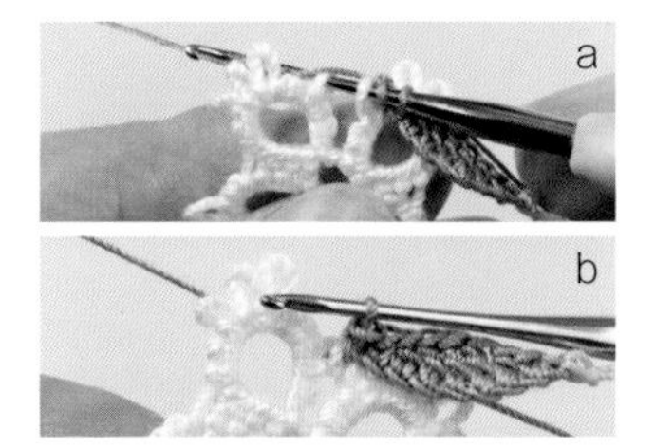

2 如1箭头所示方向，在叶片A的引拔针针脚·花朵A的2个耳内插入钩针，在针头上挂线(a)。一次性地将钩针抽出来(b)。

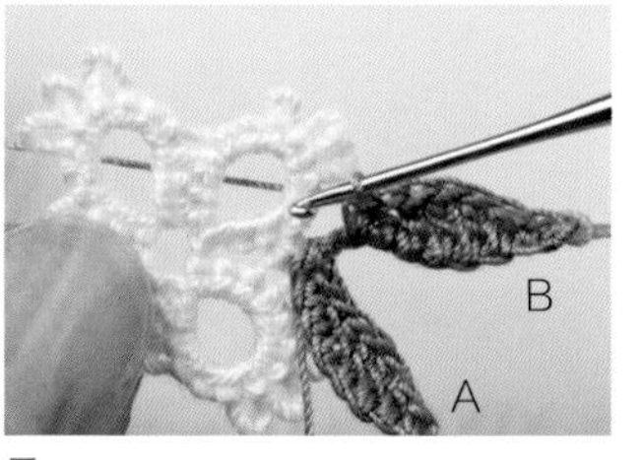

3 接着用与叶片A相同的方式钩叶片B，在叶片引拔针针脚·相同花朵A的2个耳内(刚才连接过的位置)处插入钩针，一次性地将钩针抽出来。

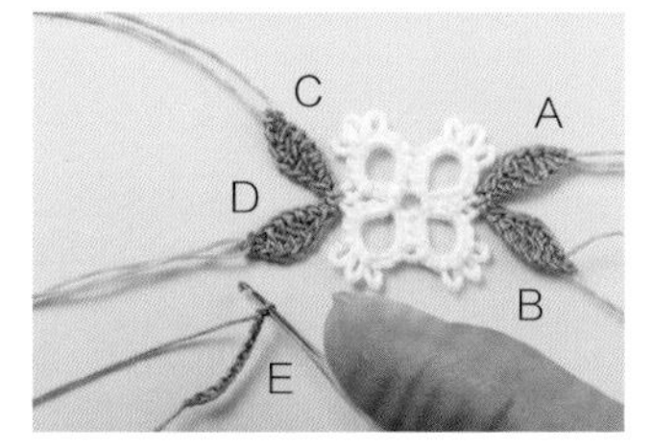

4 连接完成后的样子。叶片E是起9针起立针，并将叶片D的线标取下来，将起立锁针成束挑起引拔。

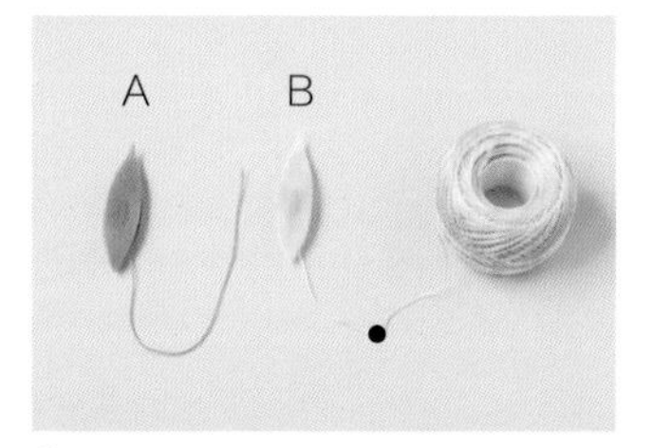

5 引拔完成后的样子。

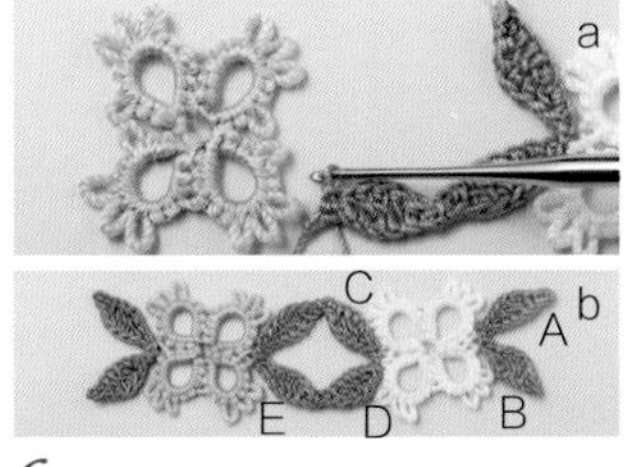

6 继续从叶片A相同起针处开始挑针钩织回去，用引拔针与下一朵花的耳相连。

35 图片：p.16

❀3股线的梭编方法(凤眼梭2个+线团)

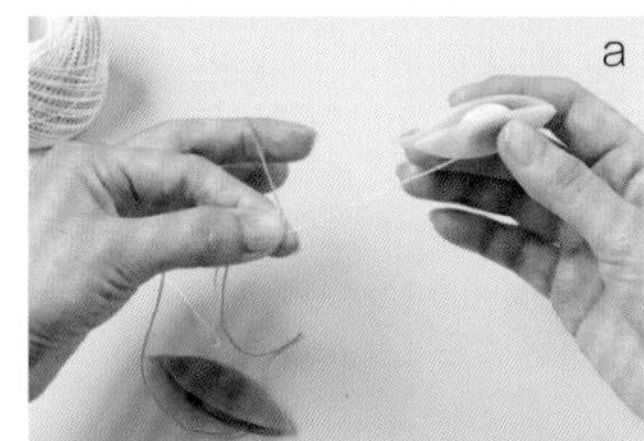

1 准备凤眼梭A和B+线团。

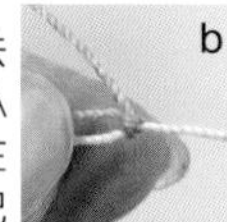

2 参考桥的挂线方法(p.31)，将凤眼梭A的线挂在左手上，在凤眼梭B的●标记处和凤眼梭A的线重叠起来拿(a)。转动凤眼梭B梭编1个梭结(b)。此时用凤眼梭A的线编结。此结不计为梭结数。

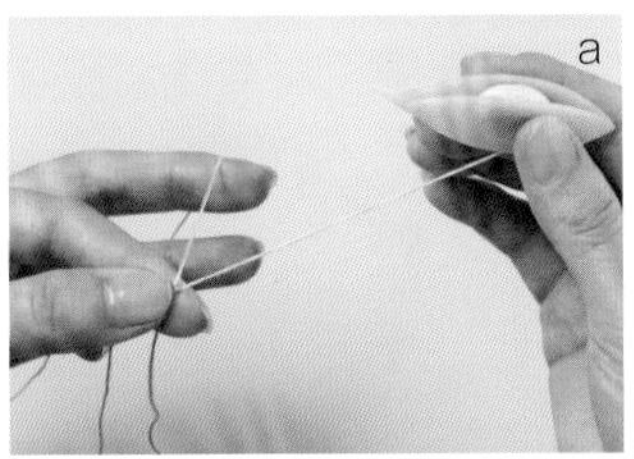

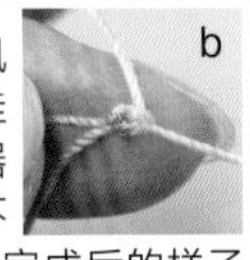

3　将花片翻面，将凤眼梭B线团上的线挂在左手，转动梭编器编结1针梭结(a)。暂不用凤眼梭A。b是编结完成后的样子。

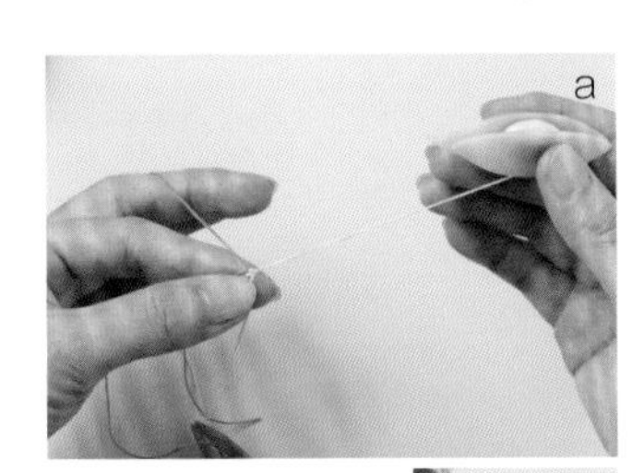

4　将花片翻至正面，凤眼梭A的线挂在左手，转动凤眼梭B编结1针梭结(a)。b是编结完成后的样子。

❀制作渡线

5　重复步骤3～4用米色和橙色线相互交替，每个梭结各编结5次，参考步骤3用米色线梭编2个梭结，参考步骤4用橙色线梭编1个线结。

❀梭编弯弧

6　参考图解，变换梭编外侧（米色线·参考步骤3），内侧（橙色线·参考步骤4）的结数。

7　一直梭编至图解的▲处，用凤眼梭A梭编环（参照p.28，30）。梭编完8针梭结后，在渡线上用接耳的方法（参考p.30）相连。

8　梭编8个梭结，抽线成环。

❀线头的收尾

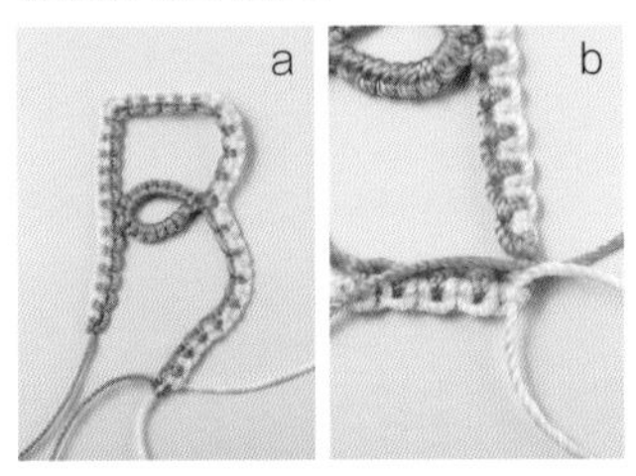

9　参照图解梭编至结尾部分(a)。在内侧将同色线分别打2次结做线头收尾处理（参照p.30）。

37　图片：p.16

❀扭拧长耳

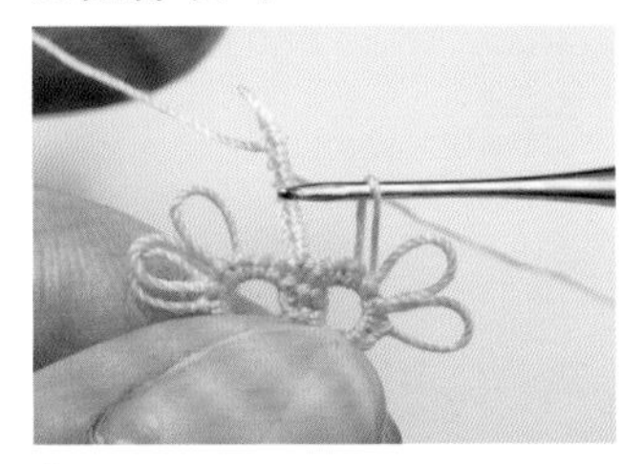

1　梭编8个梭结后暂不梭编，在长耳处插入蕾丝钩针扭拧2次。

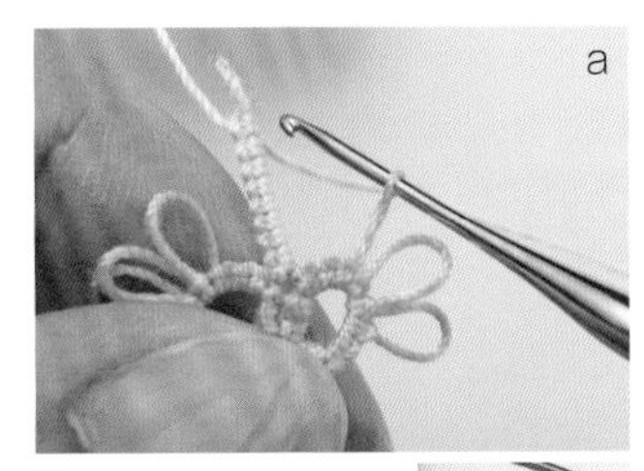

2　扭拧后的样子(a)。在针头上挂线拉出(b)。将凤眼梭从拉出后的线圈穿过后收紧（梭芯线接耳）。

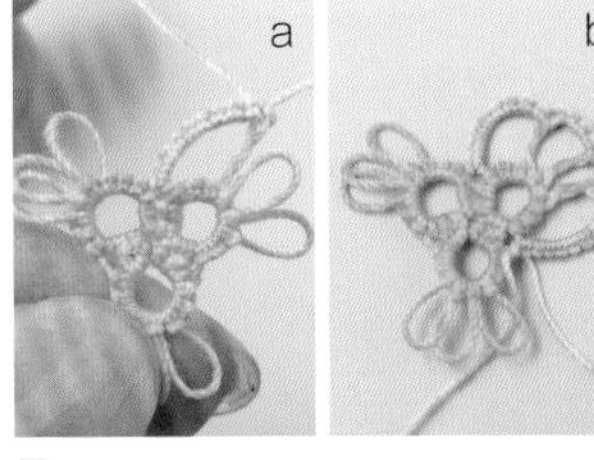

3　在扭拧的长耳处弯成梭芯线接耳后的样子(a)。b弯成1片花瓣后的样子。

37,40　图片：p.16~17

❀钩织球的收尾方法

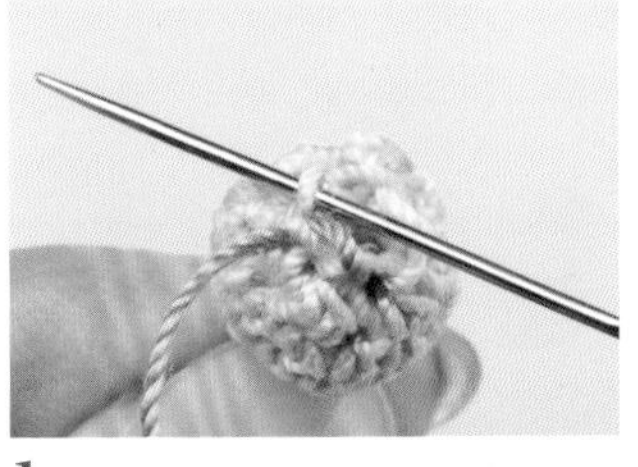

1　钩织完最后一圈后，中间塞入同色同款线，挑起最后一圈每针外侧的半个针脚。

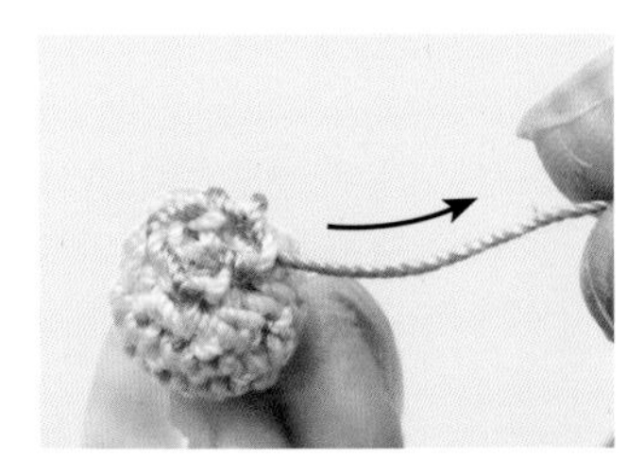

2　抽线收紧。线头穿缝入圆球内。

重点课程 point lesson

35,36 图片: p.16

图片: p.16

❀流苏的制作方法

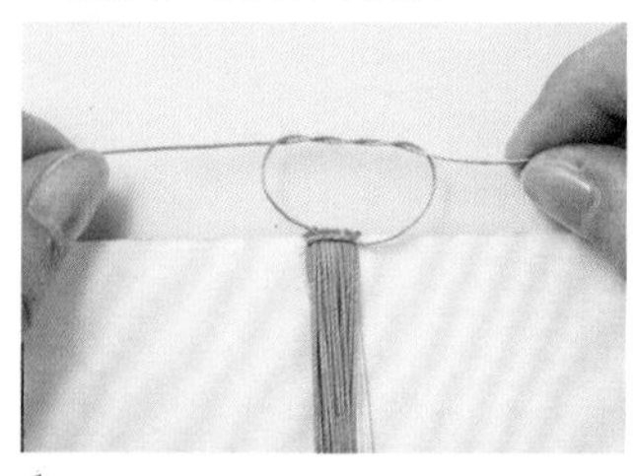

1 把A色和B色线按指定圈数绕在宽5cm的厚纸板上，用别线穿过，牢牢地打2次结。

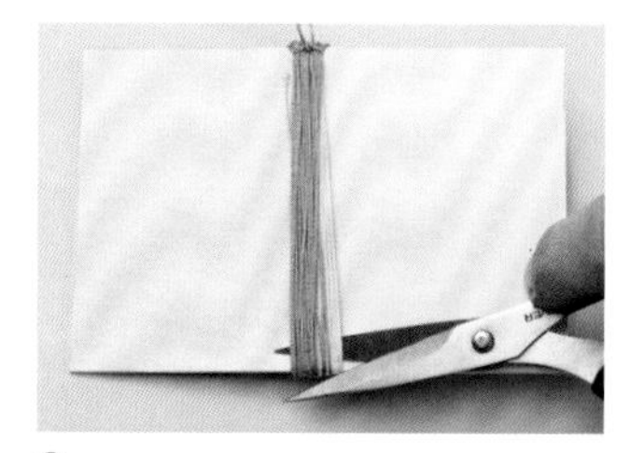

2 剪开线圈。

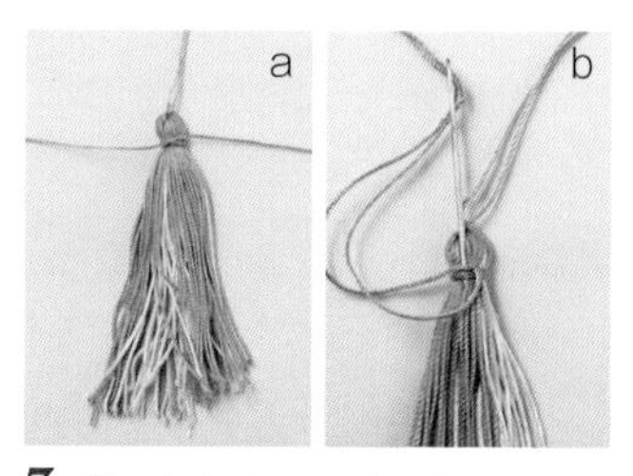

3 从厚纸板上取下来，在线结下方7mm 处打结，在宽 2mm 处绕环装饰 (a)。线头从穗子中心穿过 (b)。在4cm 处将线头剪齐。

40 图片: p.17

❀耳多的情况下

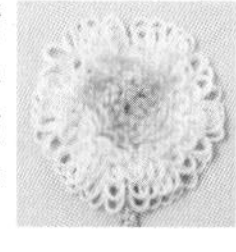

在耳的数量很多的情况下，为了制作出大小均匀的耳，使用耳尺做出的成品会很漂亮。参照p.35来梭编吧。

40 图片: p.17

❀虾编的钩织方法

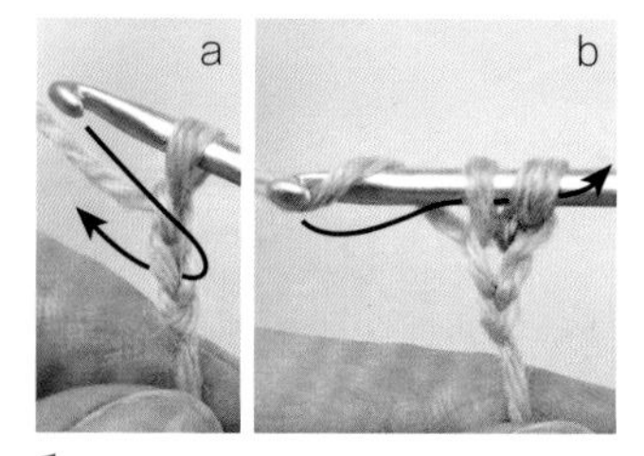

1 起2针锁针(a),按a图示箭头方向在第1针锁针处插入钩针钩织短针(b)。

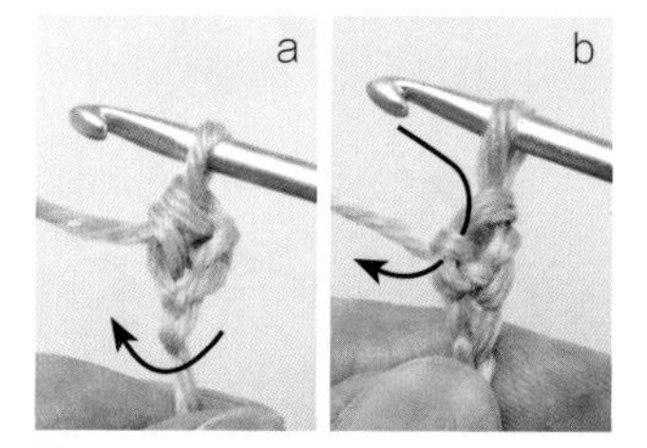

2 钩完短针后的样子(a)。将织片翻转，按图示箭头方向插入钩针钩织短针(b)。

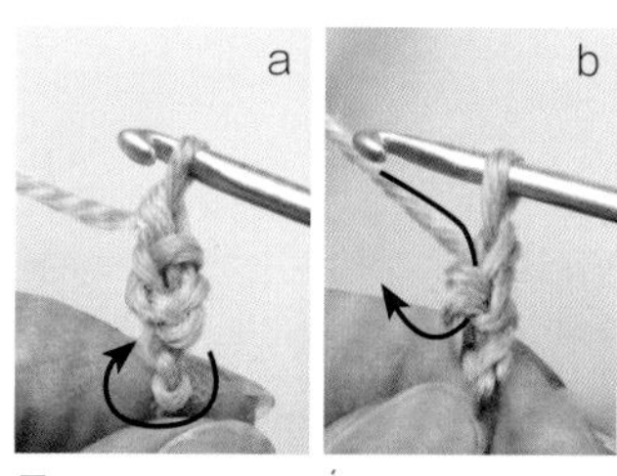

3 钩完后的样子(a)。将织片翻转，按箭头所示方向插入的2根线内插入钩针钩织短针(b)。

4 重复步骤3 中的b继续钩织。

44 图片: p.18

❀卡套的制作方法

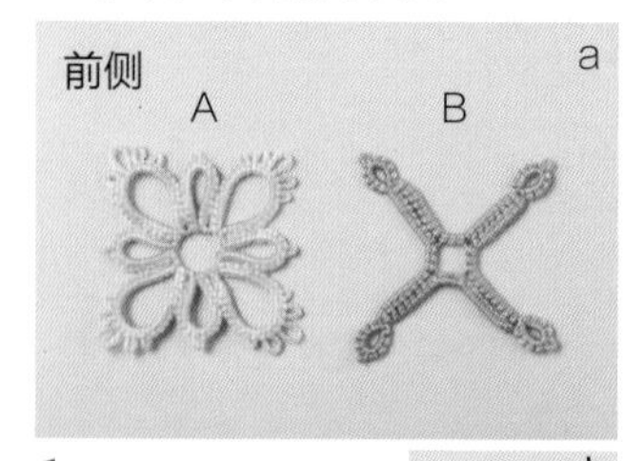

1 花片A为梭编环，花片B为梭编环和桥的组合(a)。将花片B穿入花片A中(b)。这个组合花片准备2片。

2 花片的角部边缘是将花片A倒向靠自己一侧后用接耳的方式梭编(a)。参考图解梭编相连(b)。

❀钩织边缘

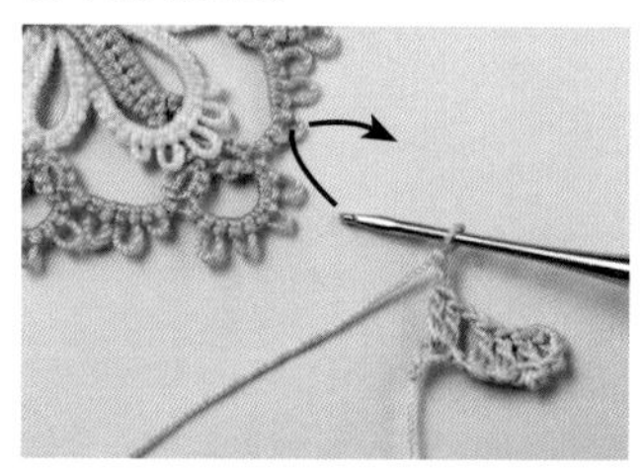

3 钩完相连前的边缘后，按图示箭头方向将钩针插入耳内，挂线钩引拔针。

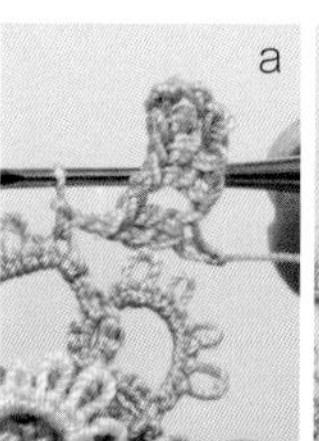

4 钩完引拔针相连后的样子(a)。接着钩2针锁针，参考图解继续钩织(b)。

❀卷缝

5 将开始钩织和结束钩织的针脚对齐，将针穿入长针头部的针脚和起立锁针的半个针脚内(a)。1针针分别卷缝起来(b)。

6 后片整个都是用蕾丝钩织的，钩织外圈的边缘。

❀钩织边缘

7 将后片反面朝向自己，钩织卡套口部的边缘。

8 将正面朝向自己，两片正面朝外重叠，在 2 织片角部针脚处同时插入钩针钩织下去。

9 除卡套口外的3个边2片一起钩边缘。

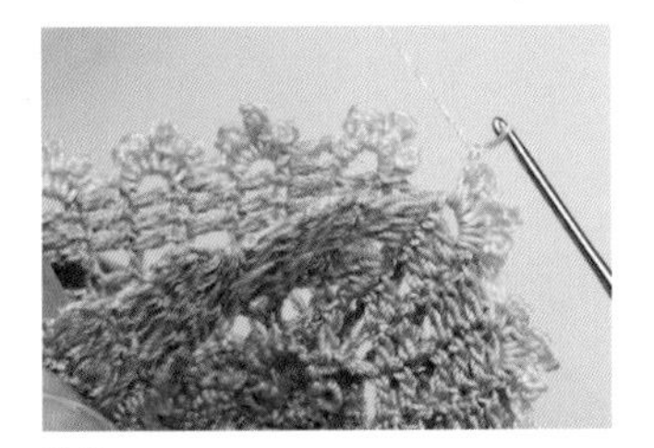

10 钩至卡套口后，只钩前片卡套口的边缘。

52 图片：p.24

❀将花片缝合在底座上

1 从底座反面入针从正面出针，(在出针时，从正面向反面入针)。

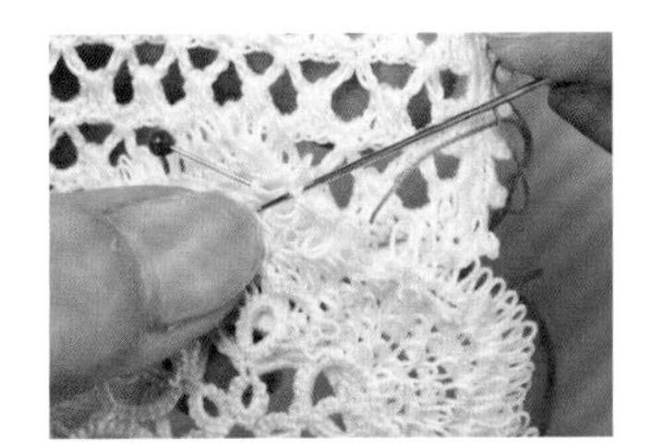

2 从反面在花片和织片间出针，隔5mm左右从正面出针。重复步骤步骤1（ ）内和步骤2的操作固定好。

梭编线用完续线时

❀梭编环（梭芯线用完的情况）

1 梭编到容易断线的地方，用新线（蓝色）梭编下一个环时。

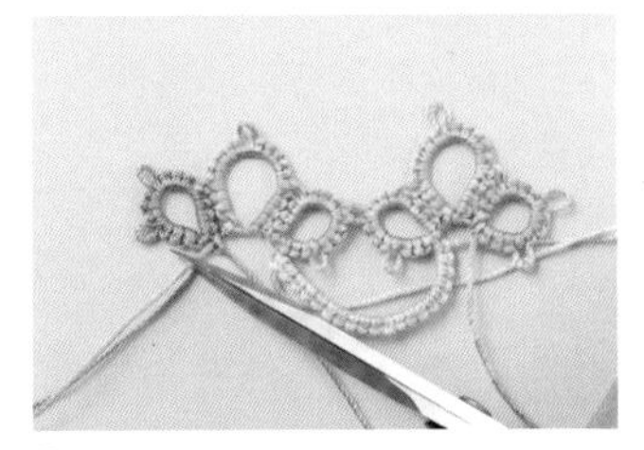

2 在反面芯线与芯线相互收尾（请参考 p.31）。

3 翻到正面后的样子。环的完成区分不要过于显眼。

❀桥

（在线团的线用完时）

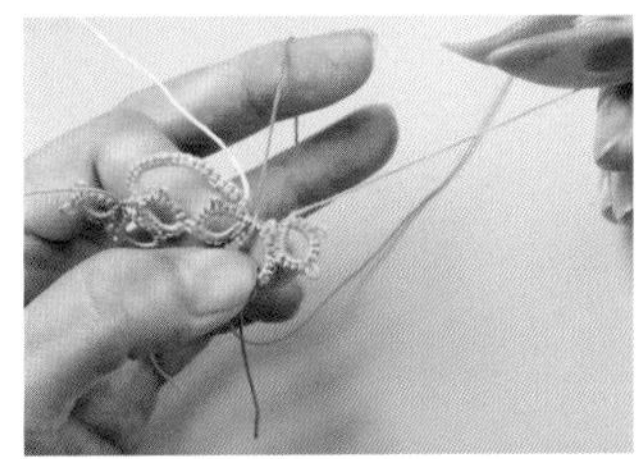

在开始梭编桥时，带入新线。开始编织一侧的线头收尾。在反面以芯线与芯线、编结线与编结线相互进行打结收尾（请参考p.31）。

1~5 图片：p.4~5 重点课程：2(p.33~34), 3(p.35)

*线材（均为CÉBÉLIA30号）

1 柠檬黄(726)·米色(3865)…各少许

2 橙色(741)·米色(3865)…各少许

3 淡黄色(745)·浅绿色(964)·芥末黄色(3820)…各少许

4 黑色(310)·茶色(434)·黄绿色(989)·米色(3865)…各少许

5 黑色(310)·茶色(434)·柠檬黄(726)·米色(3865)…各少许

*蕾丝钩针 8号

*制作要领

1,2 第❶圈为梭编环，第❷·❸圈为蕾丝钩织，第❹圈为梭编桥（请参考p.33~34）。

3 第❶圈为梭编环，结尾制作模拟耳（请参考p.35）。翻面后拿起，第❷圈为梭编环。第❸圈为蕾丝钩织。第❹圈为梭编桥（请参考p.33~34）。

4,5 第❶·❷圈替换各圈颜色梭编环，第❸·❹圈为蕾丝钩织，第❺圈为梭编桥。

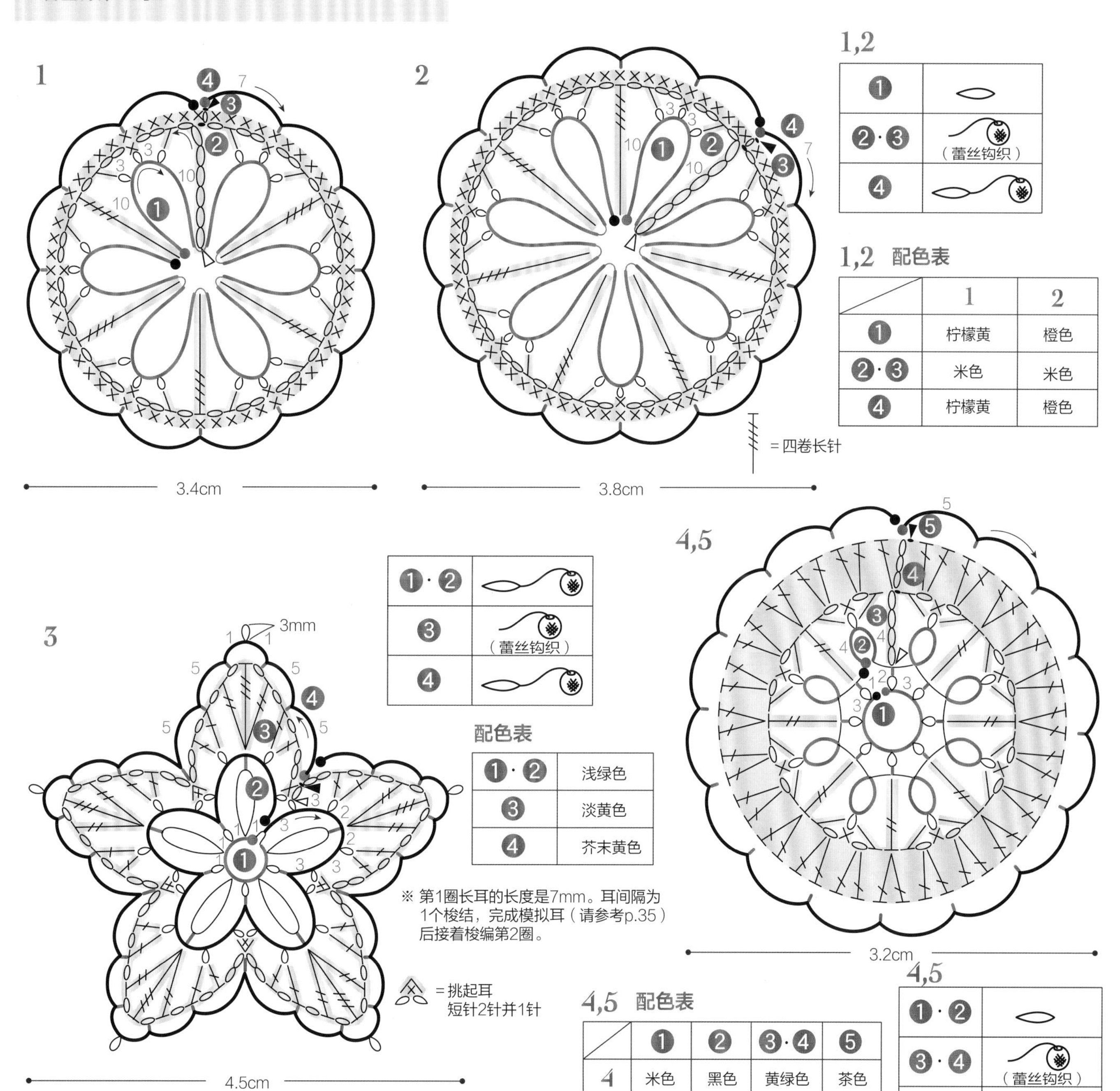

1,2

❶	
❷·❸	（蕾丝钩织）
❹	

1,2 配色表

	1	2
❶	柠檬黄	橙色
❷·❸	米色	米色
❹	柠檬黄	橙色

3

❶·❷	
❸	（蕾丝钩织）
❹	

配色表

❶·❷	浅绿色
❸	淡黄色
❹	芥末黄色

4,5 配色表

	❶	❷	❸·❹	❺
4	米色	黑色	黄绿色	茶色
5	米色	黑色	浅绿色	茶色

4,5

❶·❷	
❸·❹	（蕾丝钩织）
❺	

6~10 图片：p.4~7

＊线材（均为CÉBÉLIA30号）
6 茶色（434）·柠檬黄（726）·淡黄色（745）·绿色（911）·淡绿色（955）…各少许
7 黑色（310）·柠檬黄（726）·黄绿色（989）·米色（3865）…各少许
8 黑色（310）·红色（666）·深绿色（699）·米色（3865）…各少许
9 茶色（434）·红色（666）·米色（3865）…各少许
10 茶色（434）·淡黄色（745）·米色（3865）…各少许
＊蕾丝钩针 8号

＊制作要领

6 第❶圈为3股线梭编（请参考p.36）。第❷为蕾丝钩织。短针在长耳内插入钩针朝顺时针方向钩一圈（请参考p.37）。第❹圈是在第❸圈的短针头部进行梭芯线接耳后开始梭编。第❺圈是用绿色线梭编桥，淡绿色线梭编环。

7,8 第❸·❻圈的接线和长长针钩织是将第❷·❺圈的梭芯线接耳的梭结包住钩，在第❶·❹圈的耳内钩编。

9,10 第❶圈用茶色线梭编环，用米色线梭编桥。第❷圈是用蕾丝钩织在第❶圈上钩编，第❸圈是继续蕾丝钩织。第❹圈是用桥梭编一圈后，将线团换成茶色，用梭编桥的方式来编结蒂。

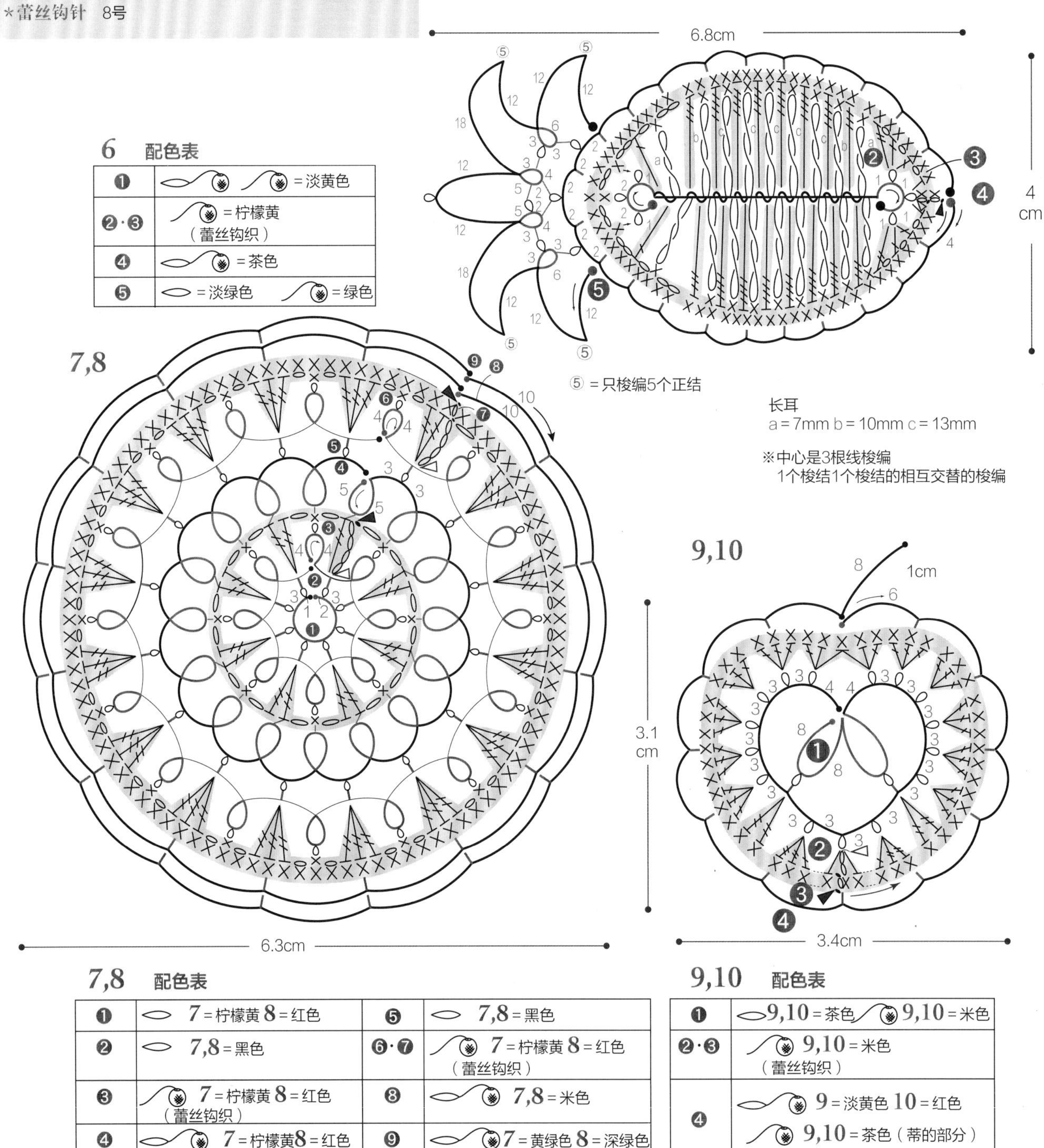

6 配色表

❶	梭 梭+线团 = 淡黄色
❷·❸	线团 = 柠檬黄（蕾丝钩织）
❹	梭+线团 = 茶色
❺	梭 = 淡绿色 线团 = 绿色

7,8 配色表

❶	梭 7 = 柠檬黄 8 = 红色	❺	梭 7,8 = 黑色
❷	梭 7,8 = 黑色	❻·❼	线团 7 = 柠檬黄 8 = 红色（蕾丝钩织）
❸	线团 7 = 柠檬黄 8 = 红色（蕾丝钩织）	❽	梭+线团 7,8 = 米色
❹	梭+线团 7 = 柠檬黄 8 = 红色	❾	梭+线团 7 = 黄绿色 8 = 深绿色

9,10 配色表

❶	梭 9,10 = 茶色 线团 9,10 = 米色
❷·❸	线团 9,10 = 米色（蕾丝钩织）
❹	梭+线团 9 = 淡黄色 10 = 红色 线团 9,10 = 茶色（蒂的部分）

11~15 图片：p.6~7 重点课程：14,15(p.35)

＊线材（均为CÉBÉLIA30号）

11 米色(3865)・茶色(434)・淡黄色(745)・浅驼色(842)…各少许

12 米色(3865)・茶色(434)・黄绿色(989)・浅驼色(842)…各少许

13 红色(666)・深绿色(699)・粉色(3326)・米色(3865)…各少许

14 葡萄红(816)・米色(3865)…各少许

15 红色(666)・米色(3865)…各少许

＊蕾丝钩针 8号

＊制作要领

11,12 第❶圈用浅驼色线梭编环，用米色线梭编桥。第❸・❹圈钩织蕾丝。第5圈是梭边1圈桥后换成茶色团梭编蒂。

13 第❶圈梭编环，第❷・❸圈钩织蕾丝。第❹圈是梭编1圈桥，第❺行是换成深绿色线梭编萼和蒂。

14,15 第❶圈梭编环，环之间空出5mm（渡线）梭编1圈环。第❸圈的四卷长针是将第❶圈的梭编环完全挑起钩织，第❹圈继续钩织蕾丝。第❺圈是从梭编环开始梭编，与桥相互交替梭编4个环后用桥梭编1圈。

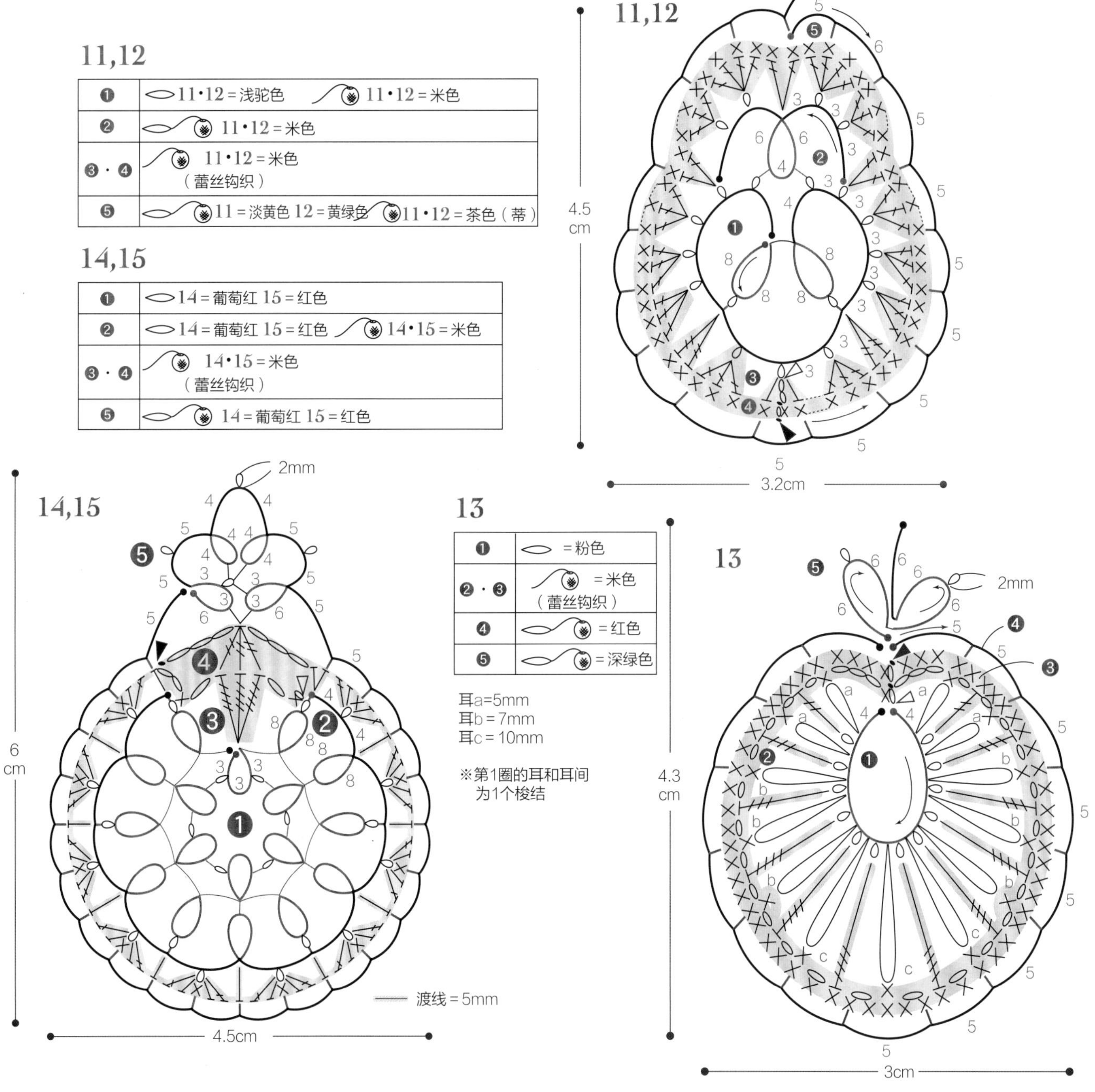

11,12

❶	11・12＝浅驼色　11・12＝米色
❷	11・12＝米色
❸・❹	11・12＝米色（蕾丝钩织）
❺	11＝淡黄色 12＝黄绿色　11・12＝茶色（蒂）

14,15

❶	14＝葡萄红 15＝红色
❷	14＝葡萄红 15＝红色　14・15＝米色
❸・❹	14・15＝米色（蕾丝钩织）
❺	14＝葡萄红 15＝红色

13

❶	＝粉色
❷・❸	＝米色（蕾丝钩织）
❹	＝红色
❺	＝深绿色

16~22,24 图片: p.8~11

*线材
16 CÉBÉLIA 30号/天蓝色(799)・绿色(911)…各少许、SPÉCIAL DENTELLES 80号/淡蓝色系段染(67)・绿色(701)…各少许
17 CÉBÉLIA 30号/砂褐色(739)・淡黄色(745)・淡粉色(818)・淡绿色(955)…各少许
18 CÉBÉLIA 30号/胡萝卜色(946)・黄绿色(989)…各少许、SPÉCIAL DENTELLES 80号/浅驼色(ECRU)・珊瑚粉(760)…各少许
19 CÉBÉLIA 30号/橄榄绿(3364)・米色(3865)…各少许、SPÉCIAL DENTELLES 80号/粉色(601)・紫红色(917)・灰绿色(3347)…各少许
20 CÉBÉLIA 30号/淡蓝色(800)・橄榄绿(3364)…各少许
21 CÉBÉLIA 30号/淡蓝色(800)・绿色(911)・白色(B5200)…各少许、SPÉCIAL DENTELLES 80号/紫色(553)…少许
22 CÉBÉLIA 30号/橄榄绿(3364)・米色(3865)…各少许、SPÉCIAL DENTELLES 80号/淡粉色(818)…少许
24 CÉBÉLIA 30号/橄榄绿(3364)…少许、SPÉCIAL DENTELLES 80号/粉色系段染(48)…少许
*蕾丝钩针 17・20・24(8号)、其他(12号)

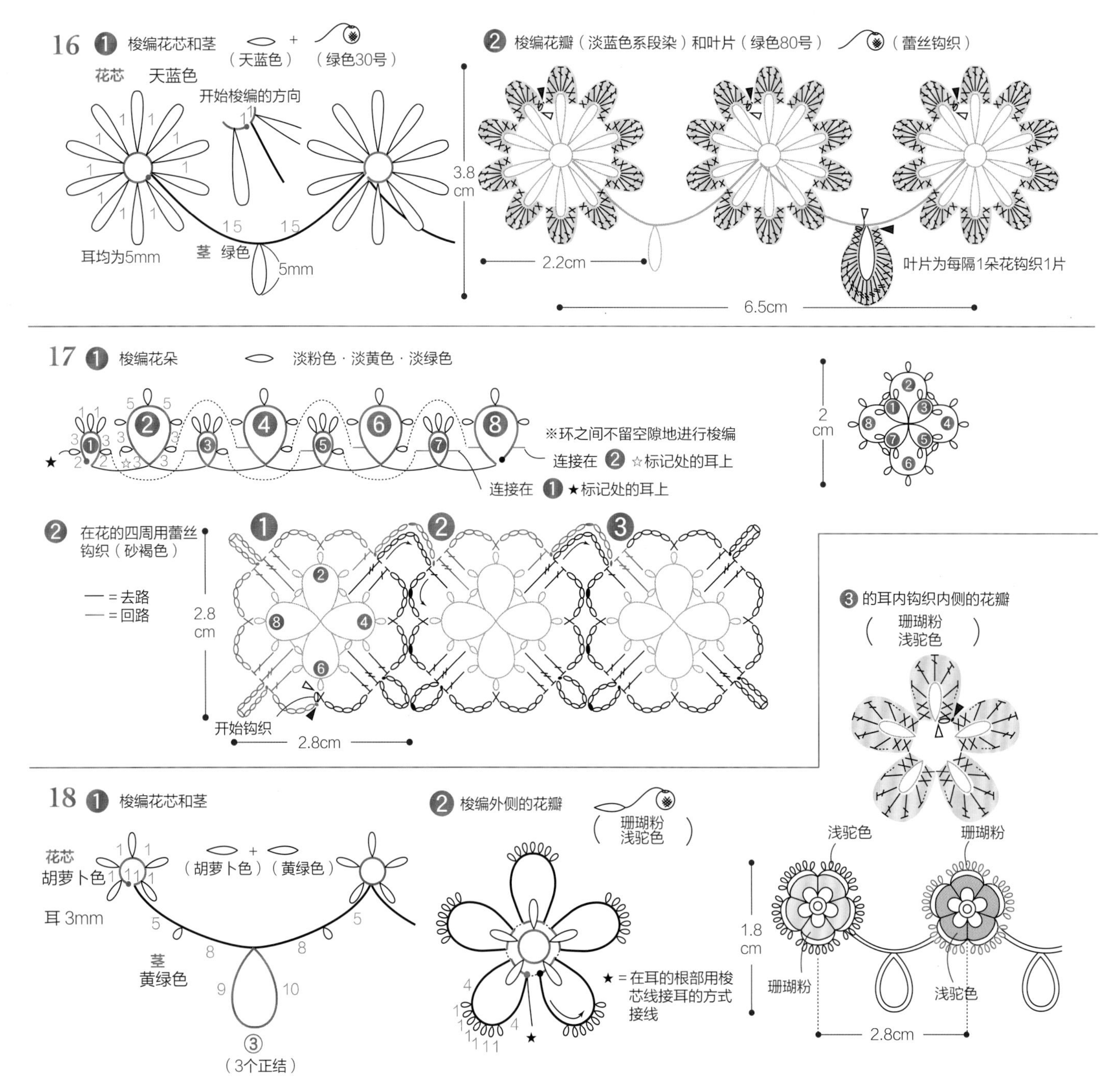

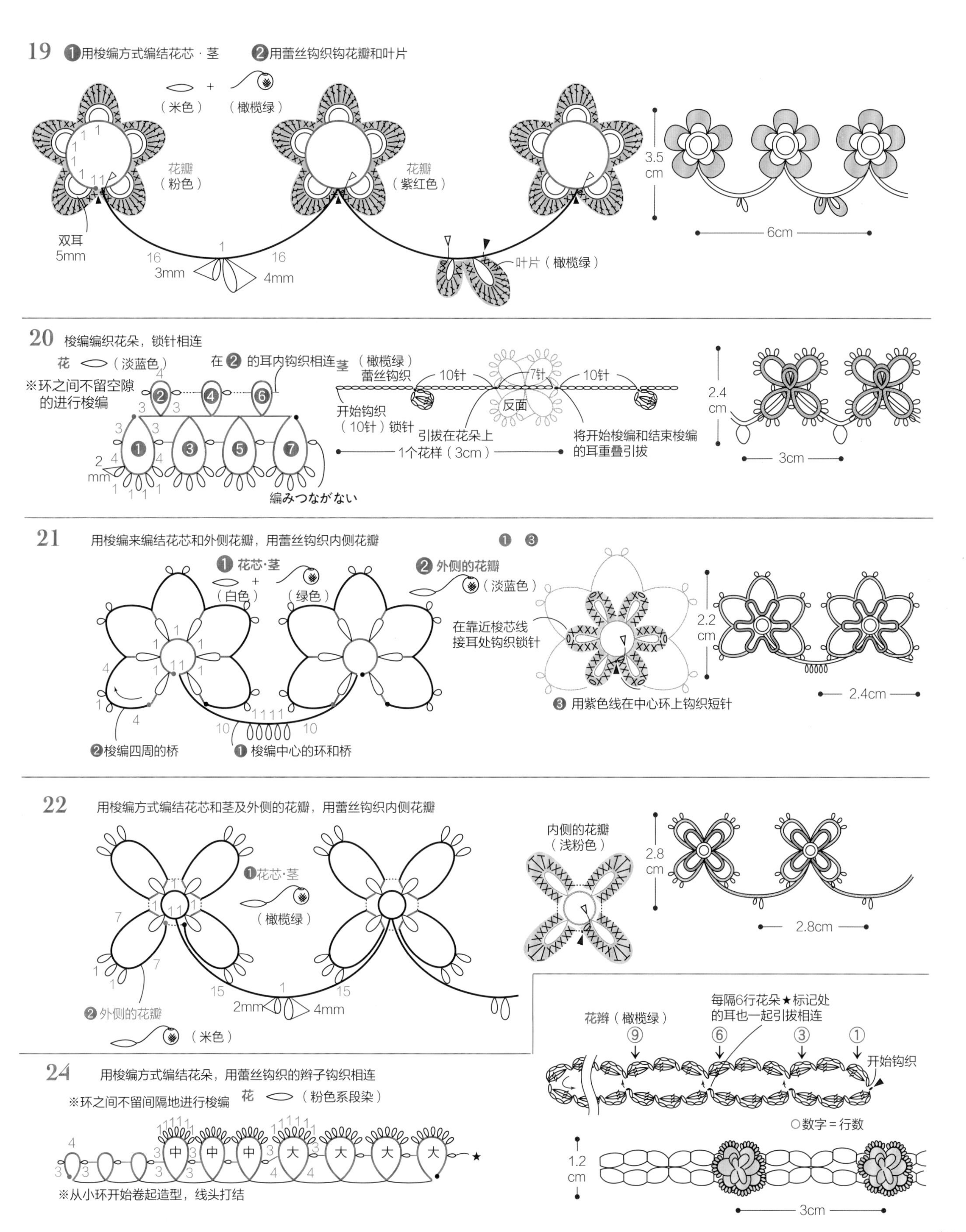
19
❶用梭编方式编结花芯·茎
❷用蕾丝钩织钩花瓣和叶片
（米色）
（橄榄绿）
花瓣
（粉色）
花瓣
（紫红色）
双耳
5mm
3mm
4mm
叶片（橄榄绿）
3.5
cm
6cm
20
梭编编织花朵，锁针相连
花
（淡蓝色）
※环之间不留空隙
的进行梭编
在❷的耳内钩织相连
茎（橄榄绿）
蕾丝钩织
10针
7针
10针
开始钩织
（10针）锁针
反面
引拔在花朵上
将开始梭编和结束梭编
的耳重叠引拔
1个花样（3cm）
2
mm
編みつながない
2.4
cm
3cm
21
用梭编来编结花芯和外侧花瓣，用蕾丝钩织内侧花瓣
❶花芯·茎
（白色）
（绿色）
❷外侧的花瓣
（淡蓝色）
在靠近梭芯线
接耳处钩织锁针
❸用紫色线在中心环上钩织短针
❷梭编四周的桥
❶梭编中心的环和桥
2.2
cm
2.4cm
22
用梭编方式编结花芯和茎及外侧的花瓣，用蕾丝钩织内侧花瓣
❶花芯·茎
（橄榄绿）
❷外侧的花瓣
（米色）
2mm
4mm
内侧的花瓣
（浅粉色）
2.8
cm
2.8cm
24
用梭编方式编结花朵，用蕾丝钩织的辫子钩织相连
※环之间不留间隔地进行梭编
花
（粉色系段染）
中
中
中
大
大
大
大
※从小环开始卷起造型，线头打结
花辫（橄榄绿）
每隔6行花朵★标记处
的耳也一起引拔相连
开始钩织
○数字＝行数
1.2
cm
3cm

23,25,26,28,29 图片：p.10~12 重点课程：23・25(p.35),29(p.36)

*线材

23 CÉBÉLIA 30号/橄榄绿(3364)…少许、SPÉCIAL DENTELLES 80号/橙色系段染(51)…少许
25 CÉBÉLIA 30号/橄榄绿(3364)…4g、SPÉCIAL DENTELLES 80号/粉色系段染(48)…5g
26 CÉBÉLIA 30号/淡紫色(211)・鲑鱼粉红(352)・黄色(743)・黄绿色(989)…各少许
28 CÉBÉLIA 30号/淡黄色(745)・绿色(911)…各少许、SPÉCIAL DENTELLES 80号/粉色系段染(48)・淡粉色(818)…各少许
29 CÉBÉLIA 30号/淡紫色(211)・白色(B5200)…各少许、SPÉCIAL DENTELLES 80号/灰绿色(3347)…少许

*蕾丝钩针 23・25(CÉBÉLIA 30号/8号、SPÉCIAL DENTELLES 80号/12号)、26(10号)、28・29(12号)

23・25 用梭编方式编结花芯・茎（请参考p.35）、用蕾丝钩织叶片・花朵

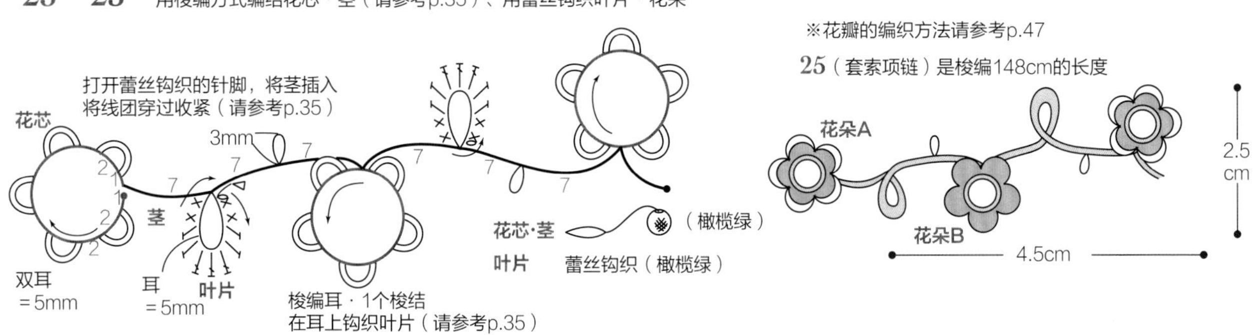

26 用蕾丝钩织花朵，用梭编将茎和叶片相连

※第2圈是将第1圈倒过来钩在起针的锁针上

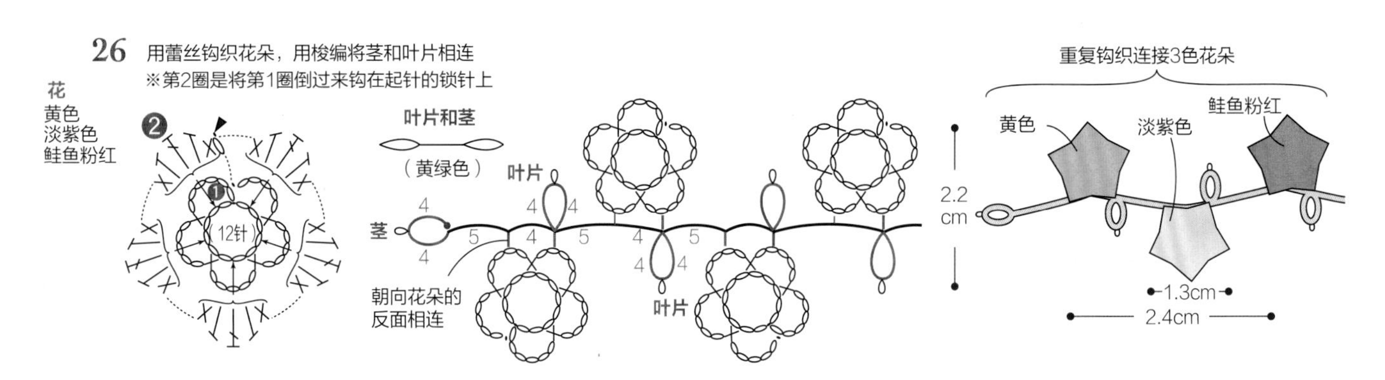

28 用梭编编结花芯和叶片，用蕾丝钩织将花朵A・花朵B钩织在耳上

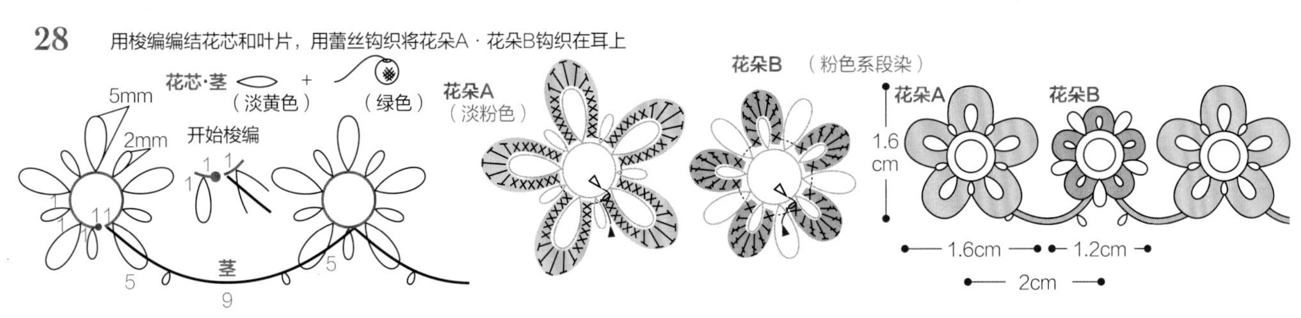

29 用梭编编结花朵

用蕾丝钩织将叶片相连
（请参考p.36）

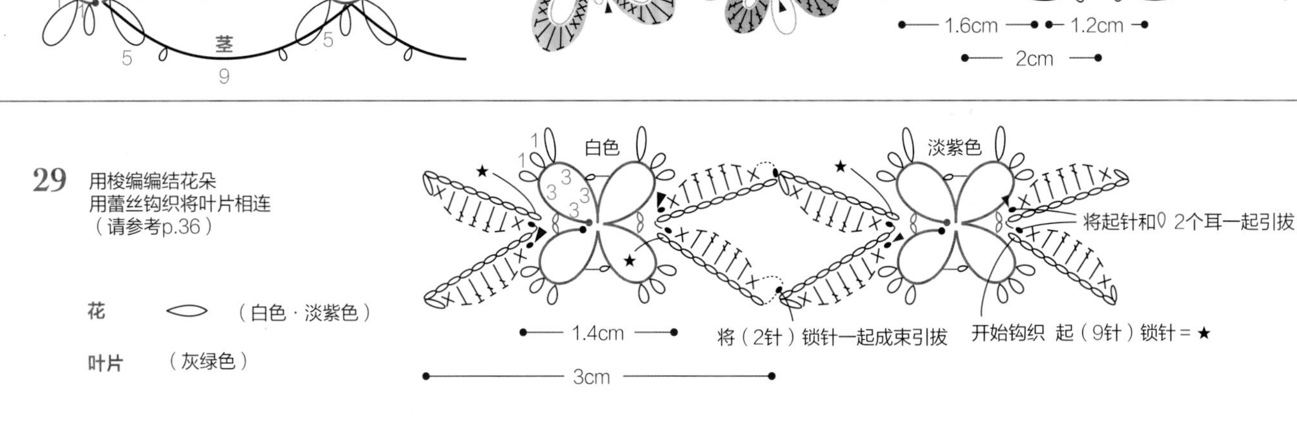

27,30 图片：p.12~13 重点课程：p.34

*线材（均为CÉBÉLIA 30号）
27 CÉBÉLIA 30号／淡紫色（211）·紫色（550）·柠檬黄（726）·黄绿色（989）…各少许、SPÉCIAL DENTELLES 80号／紫系段染（52）…少许
30 《主体》CÉBÉLIA 40号／杏灰色（3033）…55g《花辫》CÉBÉLIA 30号／淡黄色（745）·淡蓝色（800）·橄榄绿（3364）·白色（B5200）…各少许、SPÉCIAL DENTELLES 80号／淡蓝色系段染（67）·天蓝色（799）…各少许
*蕾丝钩针 27（12号）、30（主体／8号、花辫／12号）

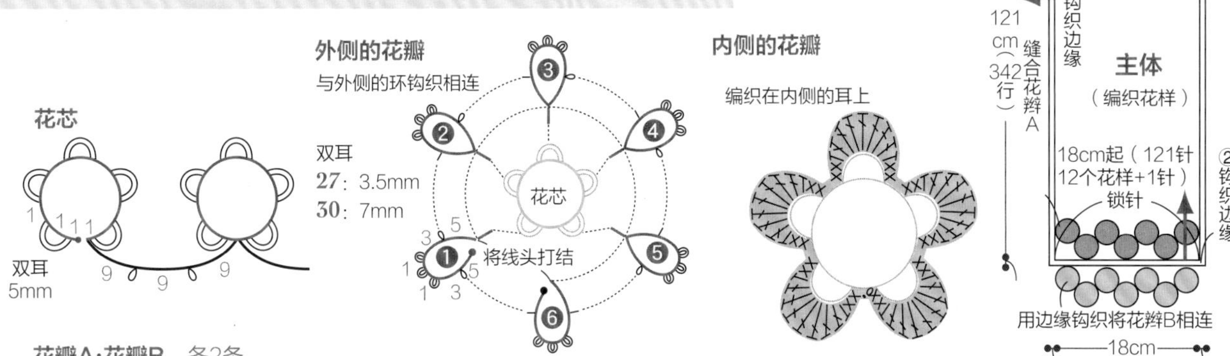

花瓣A·花瓣B 各2条

	花芯·茎 +	外侧的花瓣	内侧的花瓣
27	（柠檬黄）+（黄绿色）	淡紫色·紫色	紫色系段染
30 花瓣A	（淡黄色）+（橄榄绿）	淡蓝色	天蓝色
30 花瓣B	（淡黄色）+（橄榄绿）	白色	淡蓝色系段染

叶片A是◎与花片中心对齐缝合，叶片B是△相连钩织

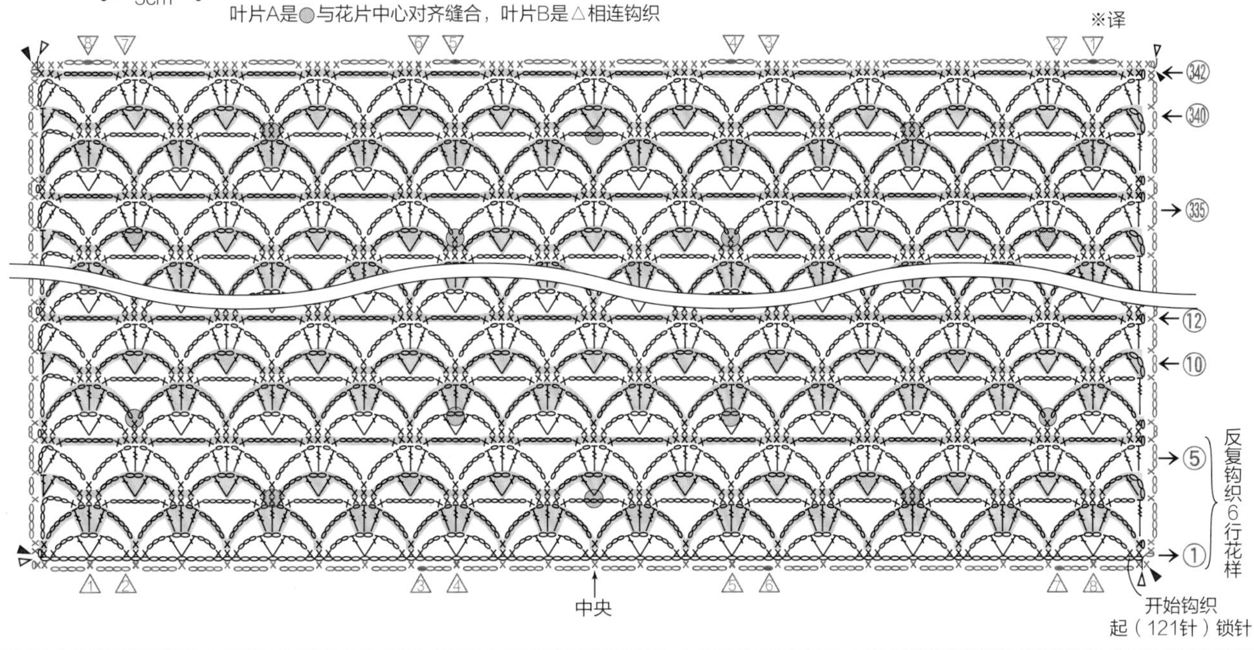

23·25 花朵A花瓣的钩织方法

花朵B是挑起耳外侧和内侧的2根线钩织外侧的花瓣（单层）

花朵A·花朵B 23＝橙色系段染线
25＝粉色系段染线

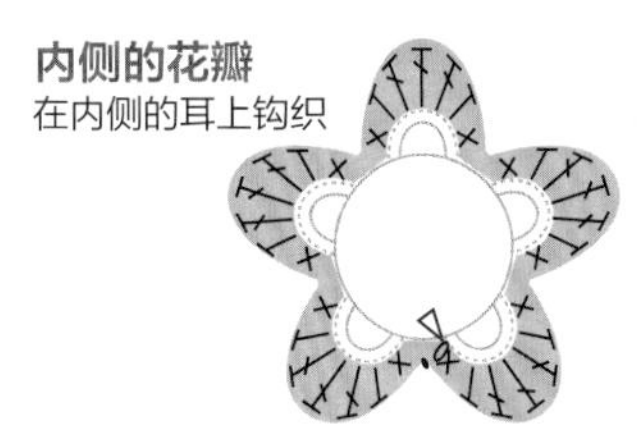

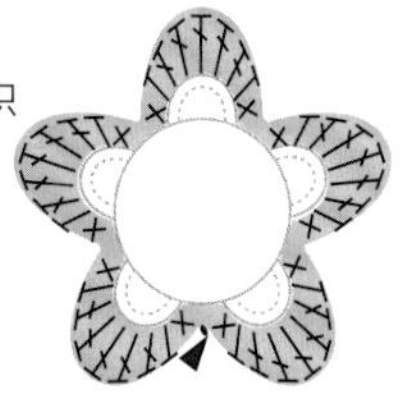

31~34 图片：p.14~15

＊线材（均为CÉBÉLIA）
31 40号/浅驼色（ECRU）·奶油色（712）…各少许、30号/烟粉色（224）·黄绿色（989）…各少许
32 40号/浅驼色（ECRU）·奶油色（712）…各少许、30号/淡蓝色（800）·黄绿色（989）…各少许
33 40号/浅驼色（ECRU）·奶油色（712）…各少许、30号/黄色（743）·黄绿色（989）…各少许
34 主体 30号/砂褐色（739）…50g、花片 40号/奶油色（712）·淡粉色（818）…各少许、30号/黄绿色（989）·粉色（3326）…各少许
＊蕾丝钩针 31~33（8号）、34（主体/6号、花片/8号）

＊制作要领（31~33通用）

1 编结钩织花芯（❶）·花瓣（❷）·叶片（❸）
花芯是通过桥将1个梭结、梭环A·B，和仅A环接耳相连编结。取出开始编织的别针，将线头穿入收尾（请参考p.34）。花瓣是依照梭芯线接耳的要领（请参考p.31）接线，用梭编桥和环，边与花芯相连边继续钩织。叶片是在和花瓣相连的过程中编织。

2 钩织边缘
用蕾丝钩织方法起5针锁针，31是与叶片，32,33是在叶片和花瓣的相连过程中钩织1圈。钩织结束后与起针的锁针卷缝。

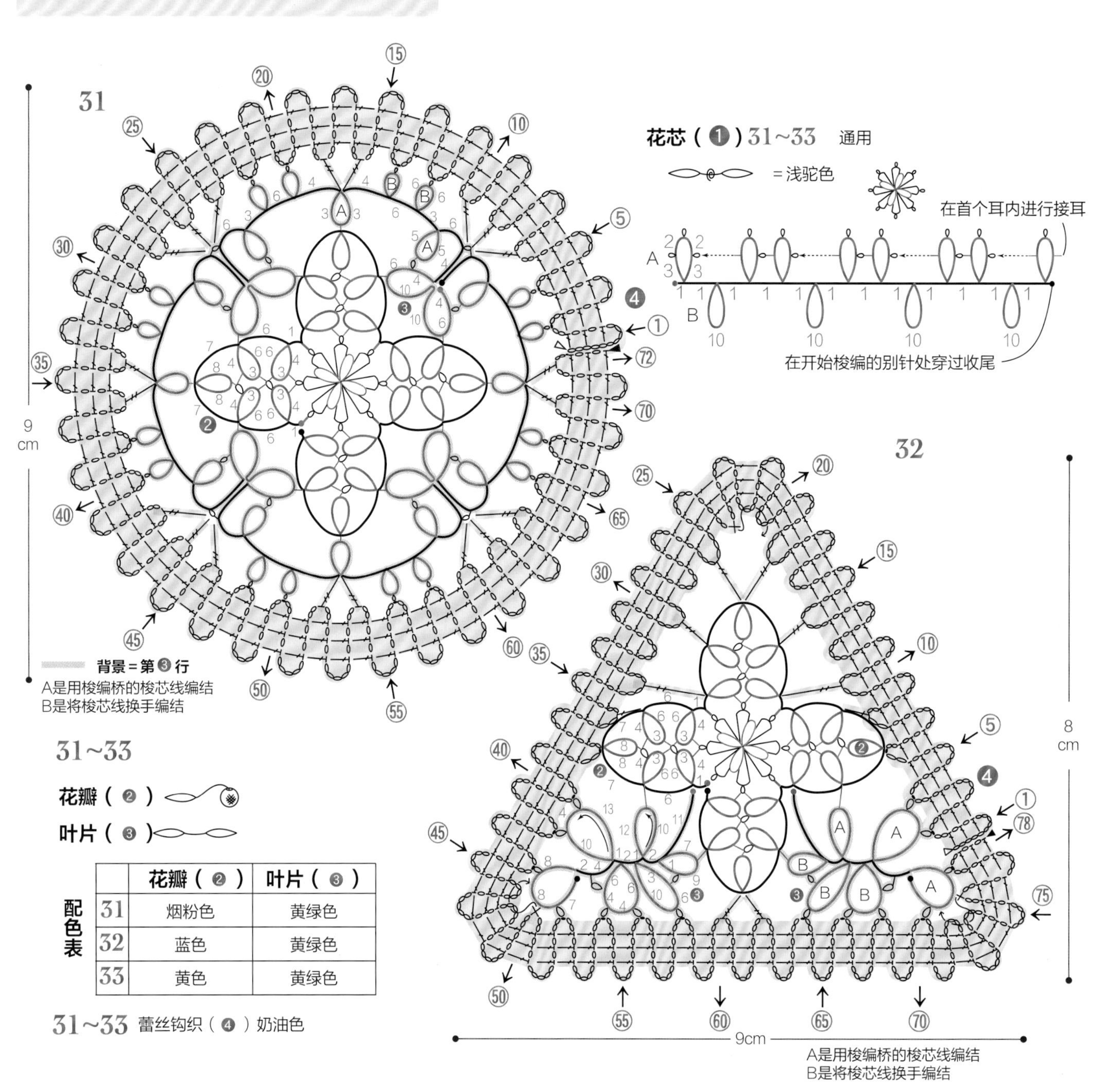

配色表

	花瓣（❷）	叶片（❸）
31	烟粉色	黄绿色
32	蓝色	黄绿色
33	黄色	黄绿色

*34的制作要领

1　将33的花片分别用梭编编结4片、蕾丝钩织的2片织片相连，在上方缝合处钩织1行。

2　主体是起103针锁针，钩405行钩织花样。接着继续钩织左侧的边缘，右侧的边缘也要钩织。上下两端卷缝（请参考p.39）花片缝合。

34 花片配色表

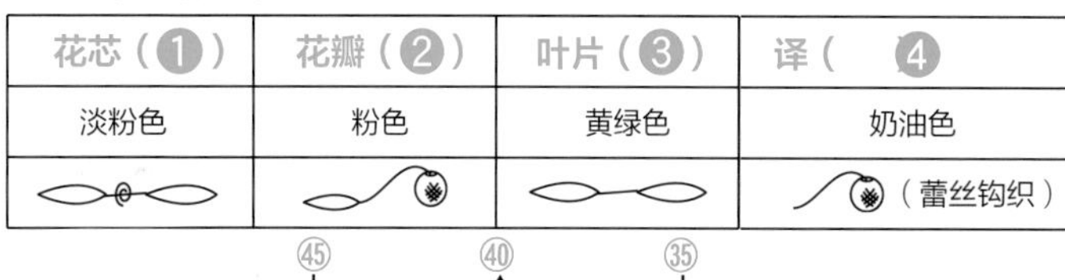

花芯（①）	花瓣（②）	叶片（③）	译（④）
淡粉色	粉色	黄绿色	奶油色
			（蕾丝钩织）

33 花片，34 围巾

※33的配色请参考p.48

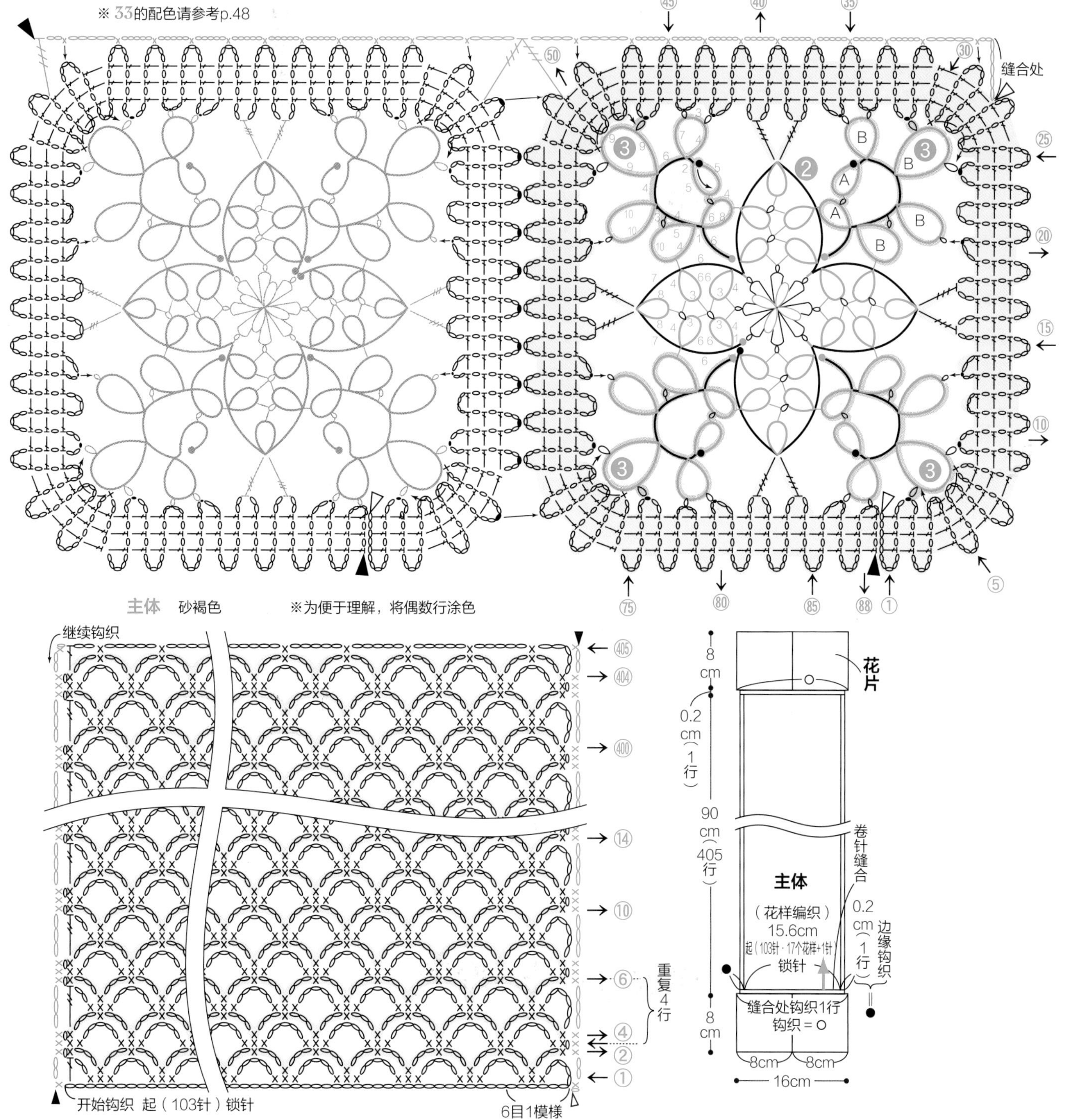

35~42 图片：p.16~17

重点课程：35(p.36~37),36(p.38),37(p.37),40(p.37~38)

*线材（均为CÉBÉLIA）

35　30号·40号/砂褐色（739）·淡蓝色（800）…各色·各号少许

36　30号/红色（666）·米色（3865）…各少许、40号/米色（3865）…少许

37　30号/淡紫色（211）·紫色（550）·黄色（743）·绿色（911）…各少许

38　30号·40号/白色（B5200）…各号少许、40号/淡蓝色（800）…少许

39　30号/淡紫色（211）·淡黄色（745）…各少许、40号/浅驼色（ECRU）·淡黄色（745）…少许

40　30号/淡黄色（745）·米色（3865）…各少许、40号/淡黄色（745）·淡粉色（818）·淡绿色（955）·米色（3865）…各少许

41　30号/绿色（911）·黄绿色（989）·米色（3865）…各少许

42　30号/淡粉色（818）·粉色（3326）·米色（3865）…各少许、40号/淡粉色（818）·淡绿色（955）…各少许

*蕾丝钩针　10号

*制作要领（梭编为30号、蕾丝钩织为40号）

35　用3根线梭编B·K（请参考p.36）、与心形的梭编环相连。在K的前端接线钩织锁针绳，在绳子前端绑流苏（请参考p.38）。

36　花片四周是将长耳进行一次2个或3个的梭芯线接耳。

37　花瓣A·B的四周拧2次长耳（请参考p.37）进行梭芯线接耳。

38　花片的四周分别将2个长耳进行一次梭芯线接耳。

39　四周的桥加入淡紫色的线用淡黄色的梭芯线梭编。用淡紫色线梭编环。长耳扭拧2次（请参考p.37）用淡黄色线的梭芯线进行梭芯线接耳的编结。

40　花片的第1圈梭编结束后制作模拟耳（请参考p.35）继续梭编第2圈。绳子为虾编（请参考p.38），前端加入梭编绳和编织球，锁缝在花片的反面。

41　绳子是在和花片接耳时接线开始编织。

42　花芯编织完成要制作模拟耳（请参考p.35），加线团在花朵第1圈的桥上进行编织。

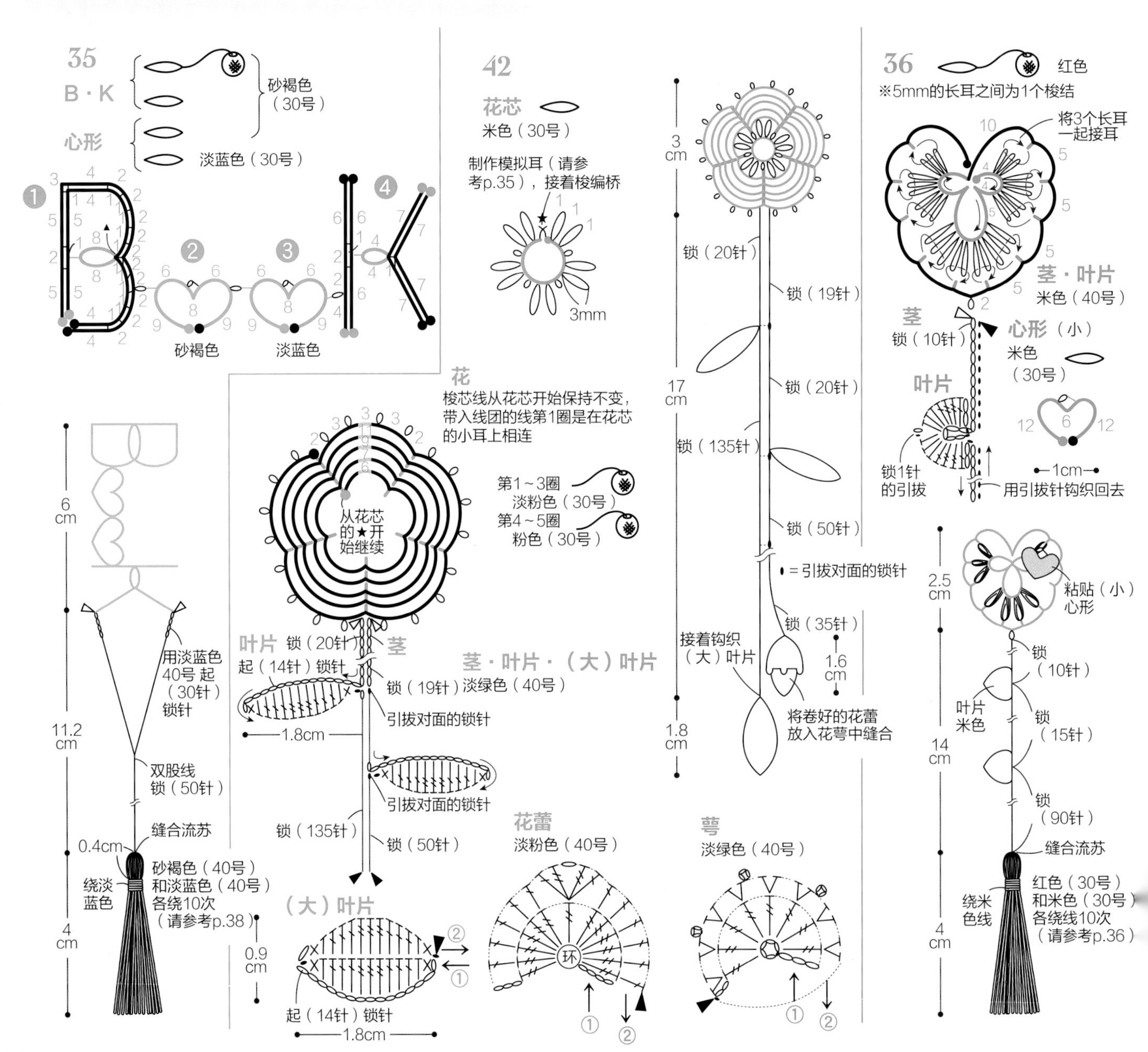

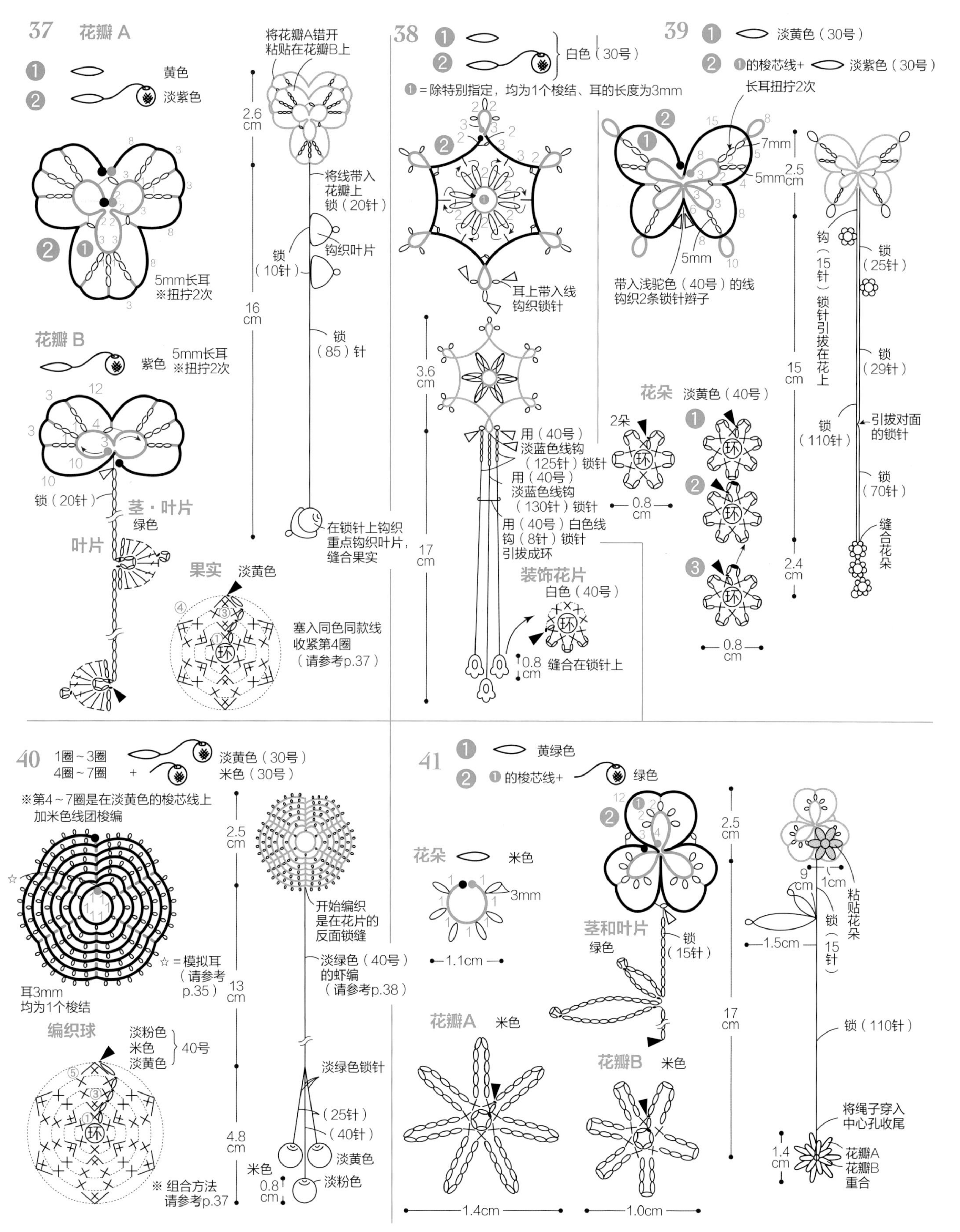

37 花瓣A
黄色
淡紫色
5mm长耳
※扭拧2次
花瓣B
紫色
5mm长耳
※扭拧2次
锁（20针）
茎·叶片
绿色
叶片
果实
淡黄色
塞入同色同款线
收紧第4圈
（请参考p.37）
将花瓣A错开
粘贴在花瓣B上
2.6
cm
16
cm
将线带入
花瓣上
锁（20针）
钩织叶片
锁
（10针）
锁
（85）针
在锁针上钩织
重点钩织叶片，
缝合果实
38
白色（30号）
❶=除特别指定，均为1个梭结、耳的长度为3mm
耳上带入线
钩织锁针
3.6
cm
17
cm
用（40号）
淡蓝色线钩
（125针）锁针
用（40号）
淡蓝色线钩
（130针）锁针
用（40号）白色线
钩（8针）锁针
引拔成环
装饰花片
白色（40号）
0.8
cm
缝合在锁针上
39
淡黄色（30号）
❶的梭芯线+
淡紫色（30号）
长耳扭拧2次
7mm
5mm
5mm
带入浅驼色（40号）的线
钩织2条锁针辫子
花朵
淡黄色（40号）
2朵
0.8
cm
2.5
cm
15
cm
2.4
cm
钩（15针）锁针引拔在花上
锁
（25针）
锁
（29针）
锁
（110针）
引拔对面
的锁针
锁
（70针）
缝合花朵
40
1圈~3圈
4圈~7圈
淡黄色（30号）
米色（30号）
※第4~7圈是在淡黄色的梭芯线上
加米色线团梭编
☆=模拟耳
（请参考
p.35）
耳3mm
均为1个梭结
编织球
淡粉色
米色
淡黄色
40号
※ 组合方法
请参考p.37
2.5
cm
13
cm
4.8
cm
开始编织
是在花片的
反面锁缝
淡绿色（40号）
的虾编
（请参考p.38）
淡绿色锁针
（25针）
（40针）
淡黄色
米色
淡粉色
0.8
cm
41
黄绿色
❶的梭芯线+
绿色
花朵
米色
3mm
1.1cm
茎和叶片
绿色
锁
（15针）
花瓣A
米色
花瓣B
米色
1.4cm
1.0cm
2.5
cm
17
cm
9
cm
1cm
粘贴花朵
锁（15针）
1.5cm
锁（110针）
将绳子穿入
中心孔收尾
1.4
cm
花瓣A
花瓣B
重合

43,44 图片：p.18 重点课程：p.38

＊线材（均为CÉBÉLIA）

43 40号／浅驼色（ECRU）…5g、30号／鲑鱼粉红（352）・浅绿色（754）…少许

44 40号／浅驼色（ECRU）…5g、30号／淡黄色（745）・翡翠绿（959）…少许

＊蕾丝钩针 8号

＊制作要领（43,44通用）

前片

1 花片A是梭编环、花片B是用梭编环开始编结，用桥和环来梭编。分别各梭编2片。

2 在花片A的环处穿入花片B。边接耳边绕圈钩织边缘花样。四角处是和花片B的耳相连。第2片是在钩织边缘花样时，将一边用接耳方式相连。

3 四周用蕾丝钩织边缘花样。

后片 起22针锁针钩织花样，四周钩织边缘花样。

组合方法 请参考p.39，并将前片与后边正面朝外重叠用边缘花样相连。

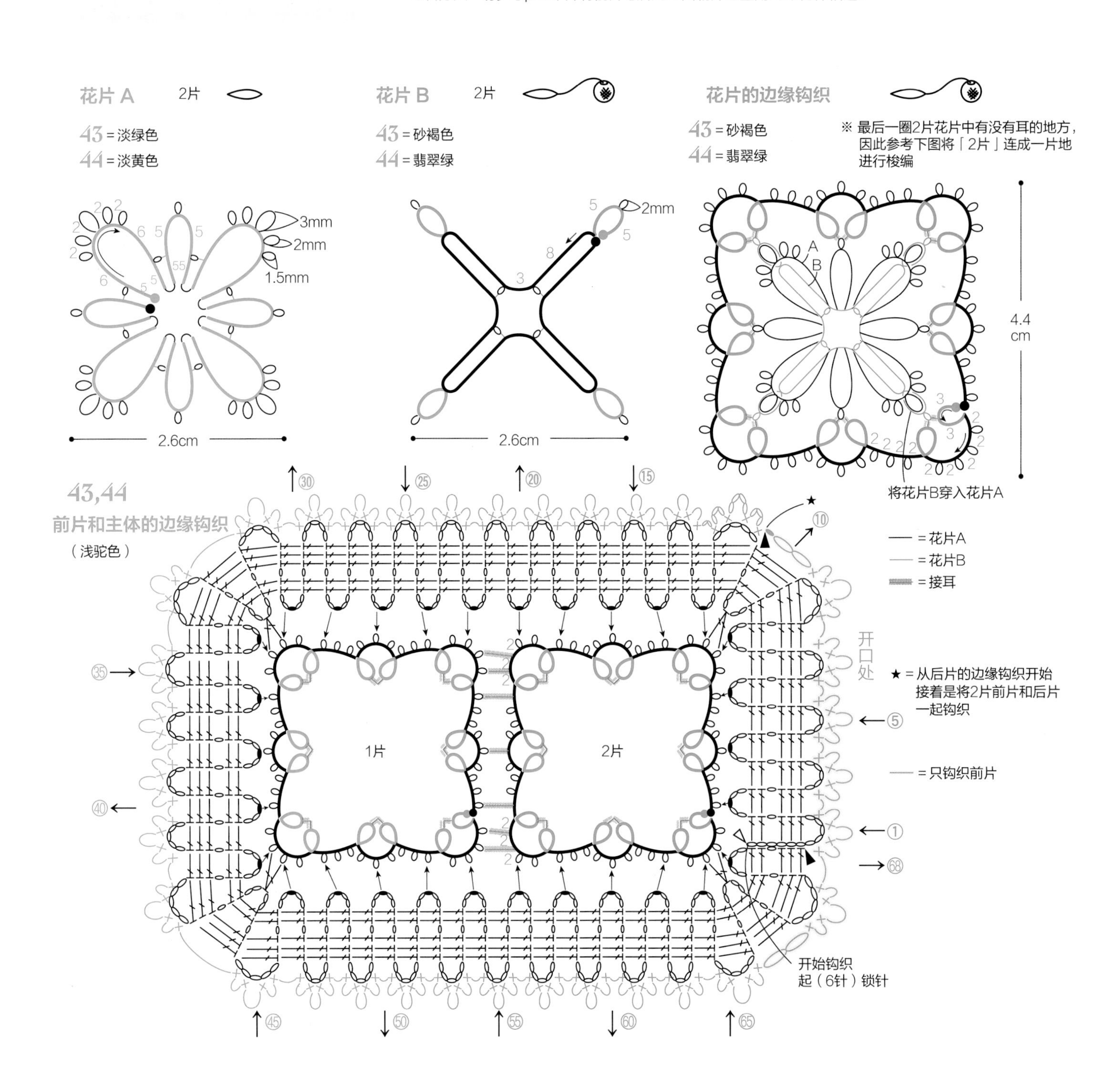

43,44 后片

（浅驼色） V = 短针1针分2针　○数字 = 圈数

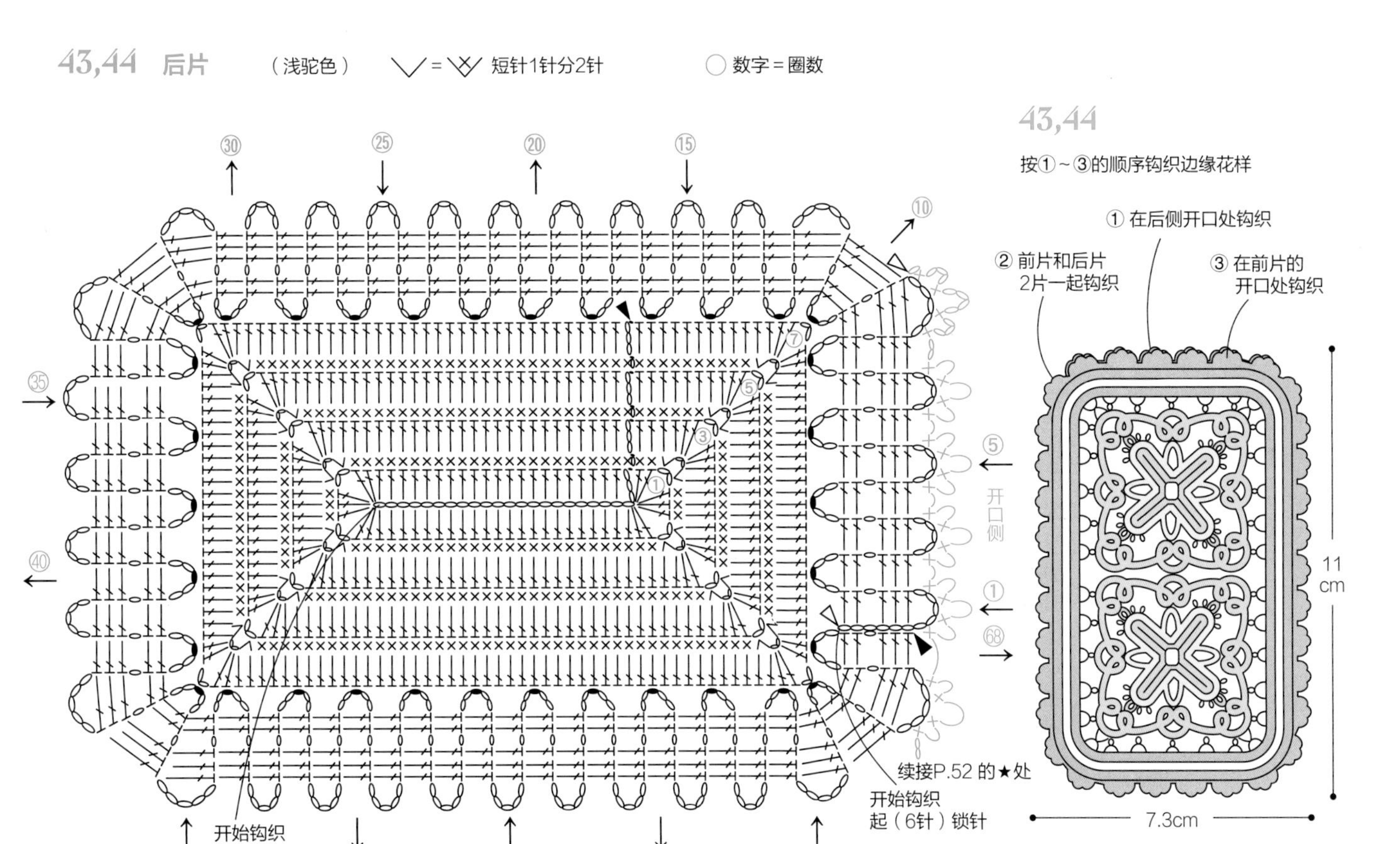

46 主体的钩织方法请参考p.54、花瓣的钩织方法见28请参考（p.46）

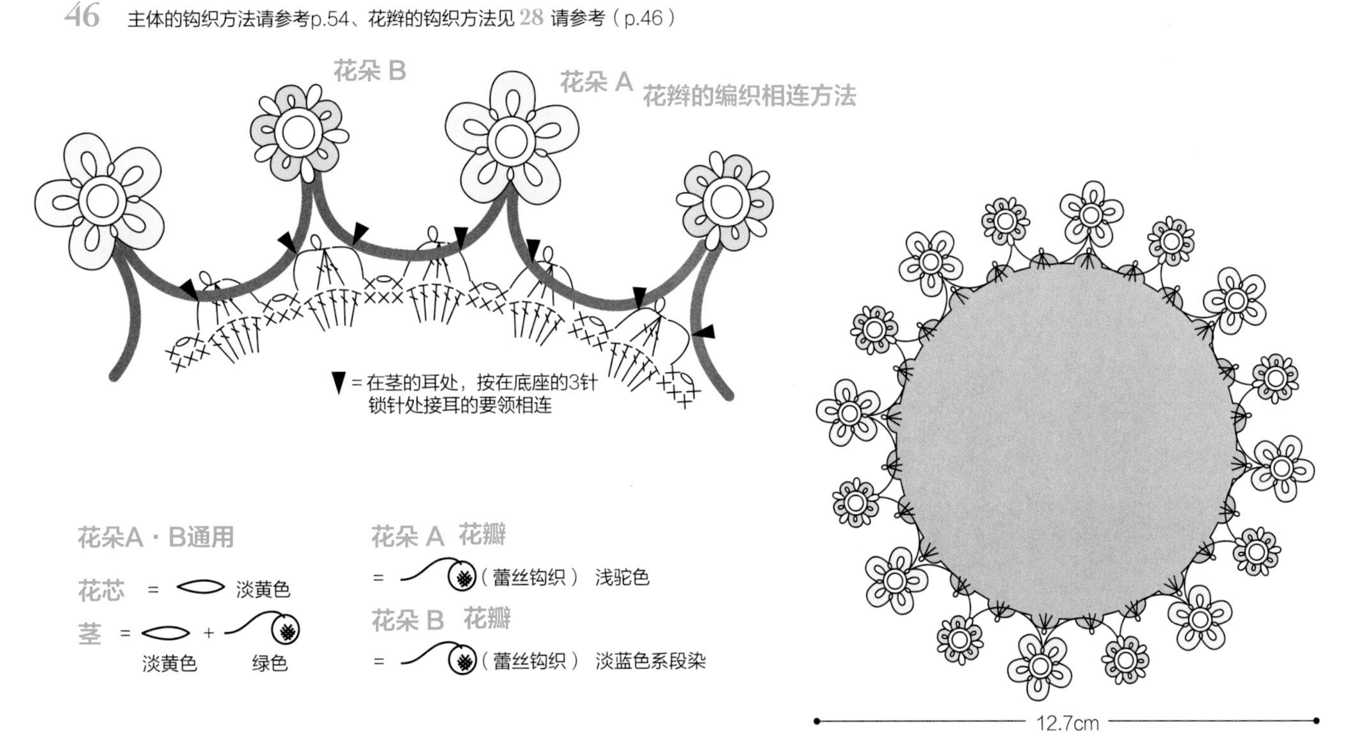

45,46 图片：p.19

＊线材

45　CÉBÉLIA 40号／米色（3865）…3g、CÉBÉLIA 30号／粉色（3326）・橄榄绿（3364）…各少许、SPÉCIAL DENTELLES 80号／淡黄色（744）…少许

46　CÉBÉLIA 40号／米色（3865）…3g、CÉBÉLIA 30号／淡黄色（745）・绿色（911）…各少许、SPÉCIAL DENTELLES 80号／浅驼色（ECRU）・淡蓝色系段染（67）…各少许

＊蕾丝钩针　6号

＊制作要领

45

1　主体是用蕾丝钩织用线头圈起钩织，钩织11圈。

2　花辫请参考21（p.45）钩织。用梭环开始编结，梭编桥的耳的位置后「按接耳的要领与主体的3针锁针环相连，3个耳，按「」内的要领重复梭编1次」，继续梭编桥。

1　主体是用蕾丝钩织用线头圈起钩织，钩织11圈。

2　花辫请参考28（p.46）钩织。用梭环开始编结，开始用梭编环编结，按接耳的要领在桥的耳处与主体的3针锁针的环相连。

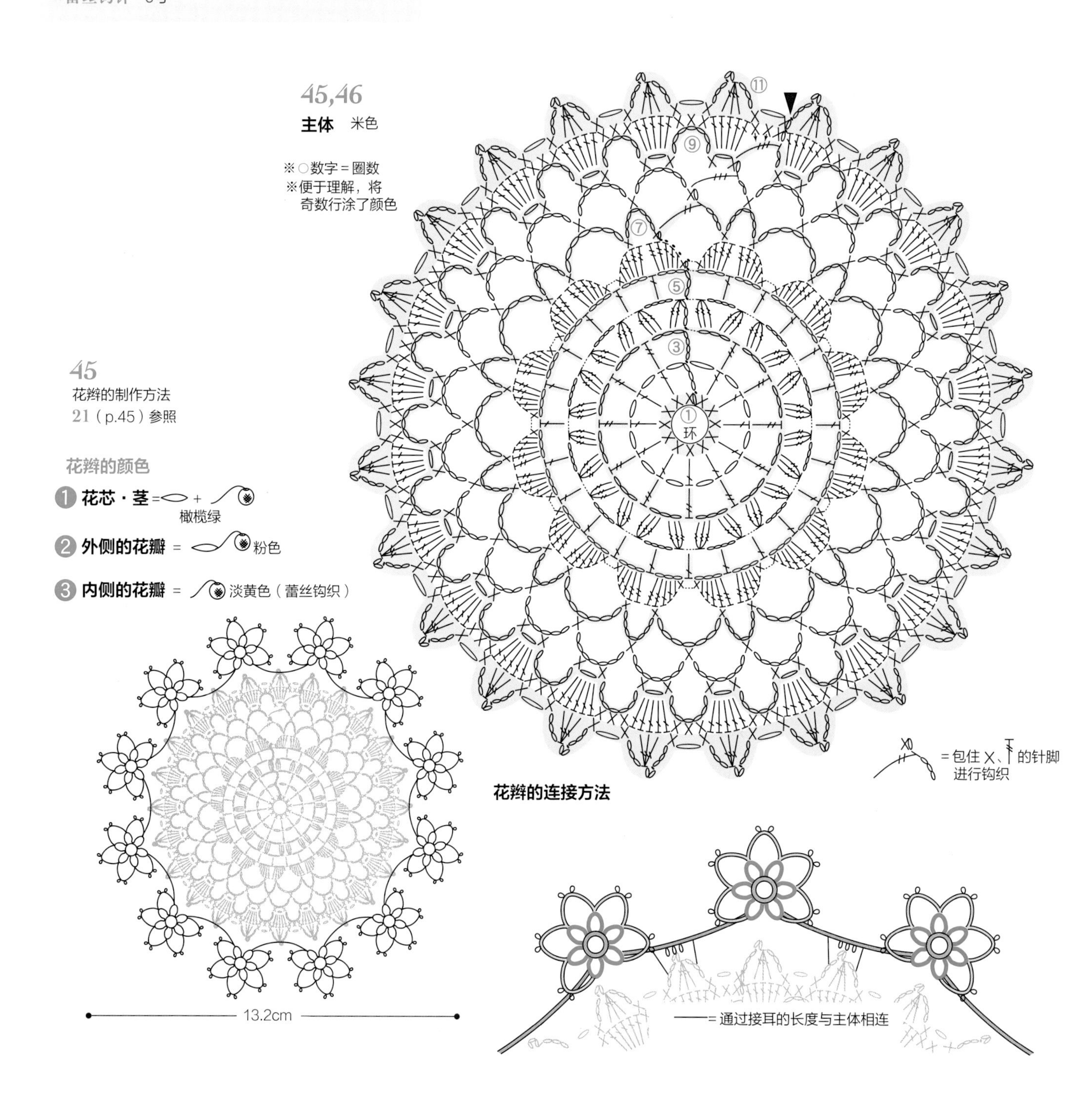

47~50 图片：p.20~21

＊线材（均为CÉBÉLIA 30号）

47　淡蓝色（754）・鲑鱼粉红（352）・淡蓝色（800）…各少许

48　浅驼色（ECRU）・淡粉色（818）・黄绿色（989）・粉色（3326）…各少许

49　米色（3865）・浅驼色（ECRU）・淡紫色（211）・浅绿色（964）…各少许

50　浅驼色（ECRU）・深绿色（699）・蓝色（797）・翡翠绿（959）・黄绿色（989）…各少许

＊蕾丝钩针　8号

＊制作要领（47~50通用）

1　中心用蕾丝钩织至指定的行数。

2　梭编部分是从梭环开始编结，桥和环相互交替地编结花样。

3　结束编结时在开始的环和桥的相连梭结处从正面穿入芯线（梭芯线）的线头，在反面将线头打结收尾（请参考p.34）。用凤眼梭和线团在开始钩织的行上将同色线相互打结收尾（请参考p.31）。

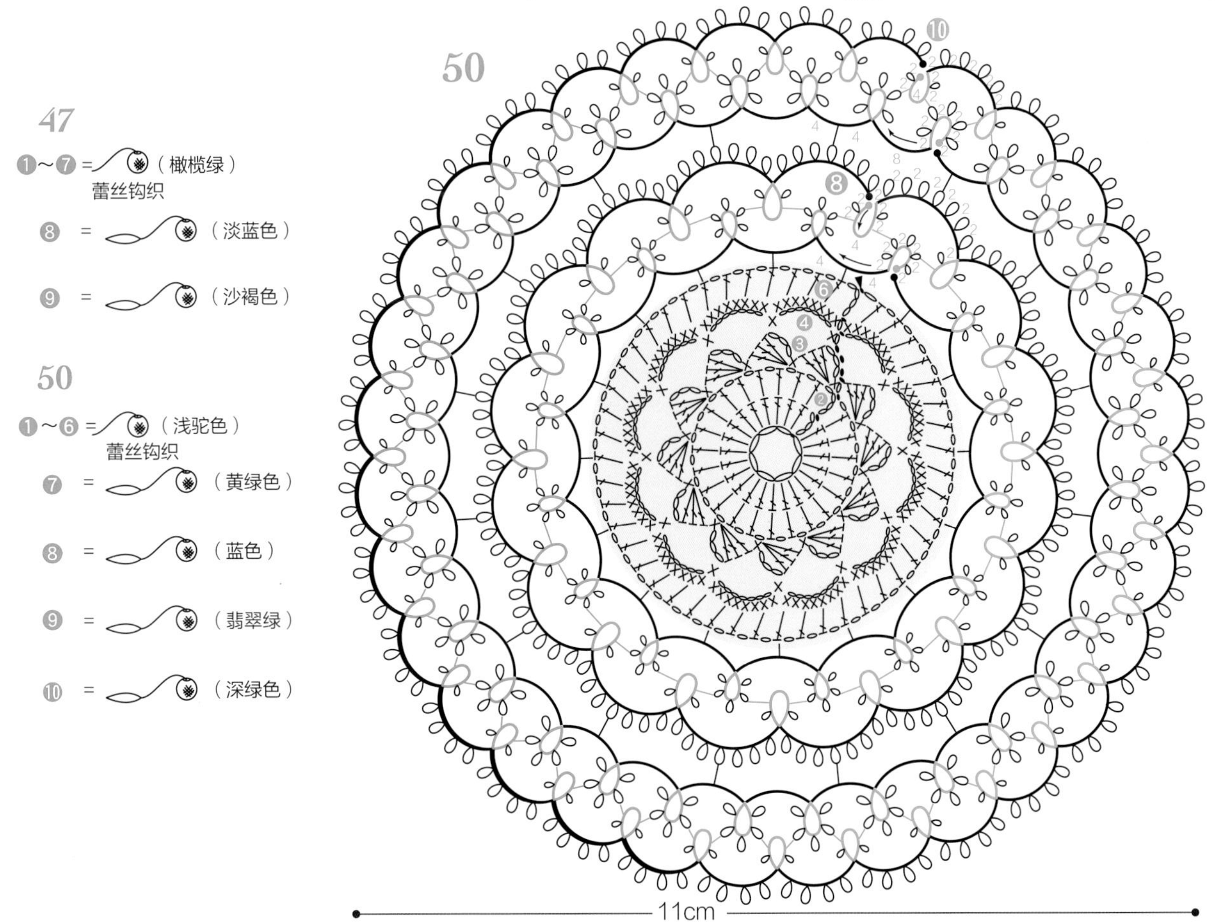

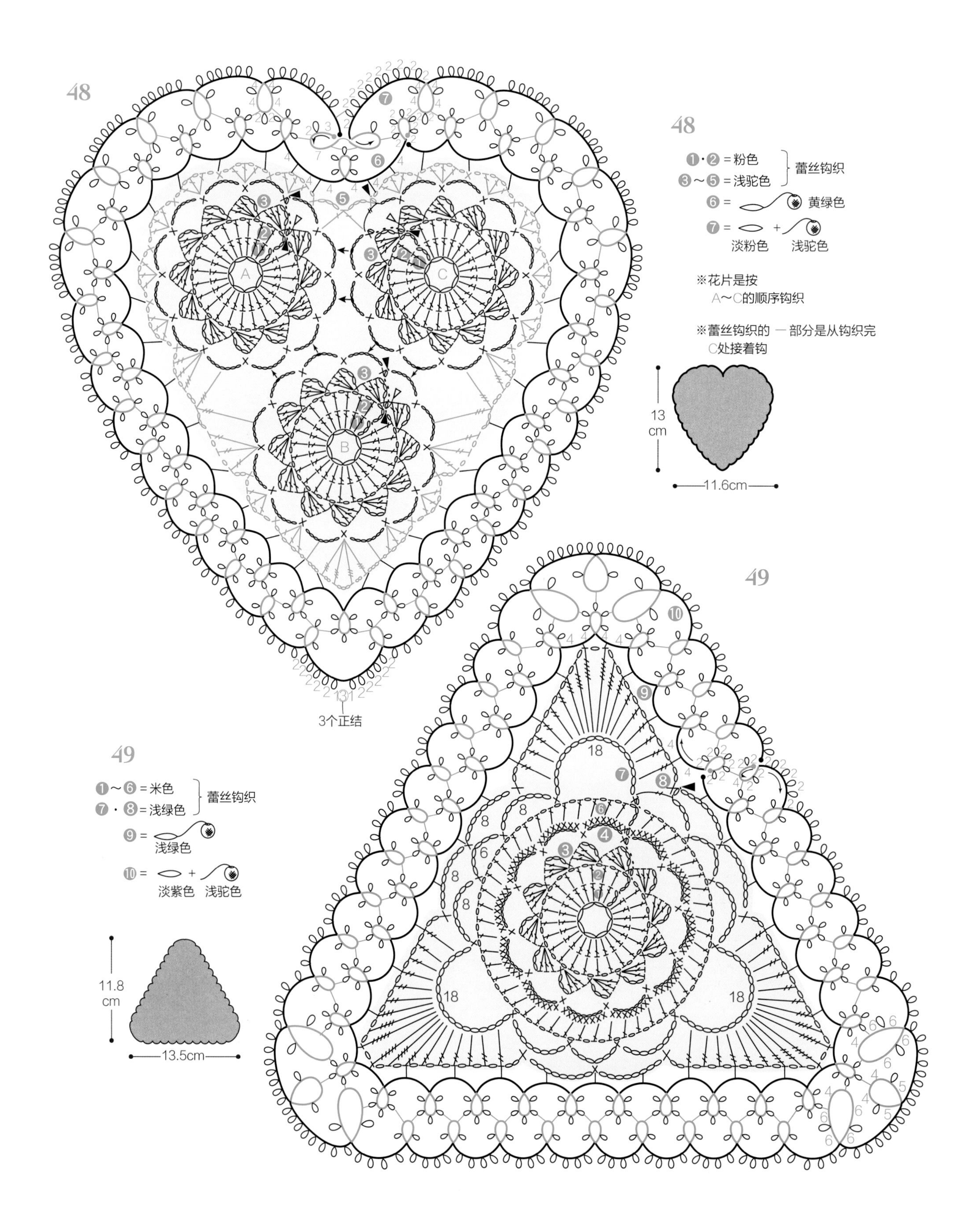
48
48
❶·❷ = 粉色
❸～❺ = 浅驼色
蕾丝钩织
❻ = 黄绿色
❼ = +
淡粉色
浅驼色
※花片是按
A～C的顺序钩织
※蕾丝钩织的 一 部分是从钩织完
C处接着钩
13
cm
11.6cm
3个正结
49
49
❶～❻ = 米色
❼ · ❽ = 浅绿色
蕾丝钩织
❾ =
浅绿色
❿ = +
淡紫色
浅驼色
11.8
cm
13.5cm

51 图片：p.22~23

＊线材
《主体》CÉBÉLIA 40号／浅驼色（ECRU）…30g
《花片》CÉBÉLIA 30号／浅驼色（ECRU）・浅绿色（964）…各少许
＊蕾丝钩针　起针（6号）、主体（8号）

＊制作要领

主体（蕾丝钩织）

起165针锁针，参考图解钩至131行。第131行钩织完成后继续钩2行边缘花样。从开始钩织的起针处挑针钩2行边缘花样A。在两侧钩1圈边缘花样B。

花片（梭编和蕾丝钩织）

1　用梭环编结花瓣A・B・C，将编结开始和编结结束的线头打结，穿入花瓣A的中心。A・B・C不分离地将线头之间相互打结收尾（请参考p.31）。

2　花朵边缘用梭环开始编结，梭环和桥的搭配组合编结1圈。

3　桥的接耳位置、耳、主体的边缘花样A的第2行用引拔相连编织1圈。从第2片开始相邻花片的线环也要边引拔边钩织。

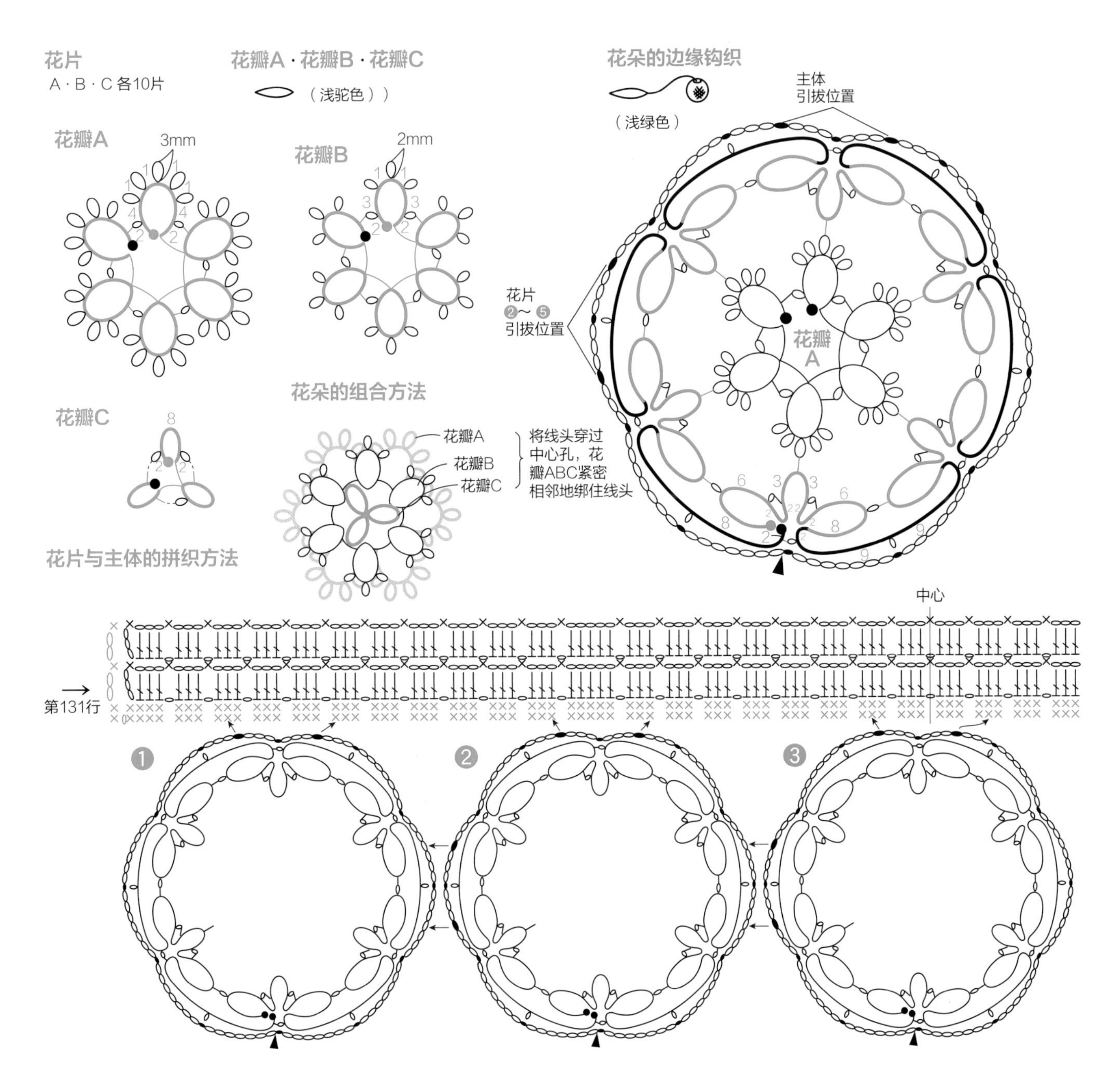

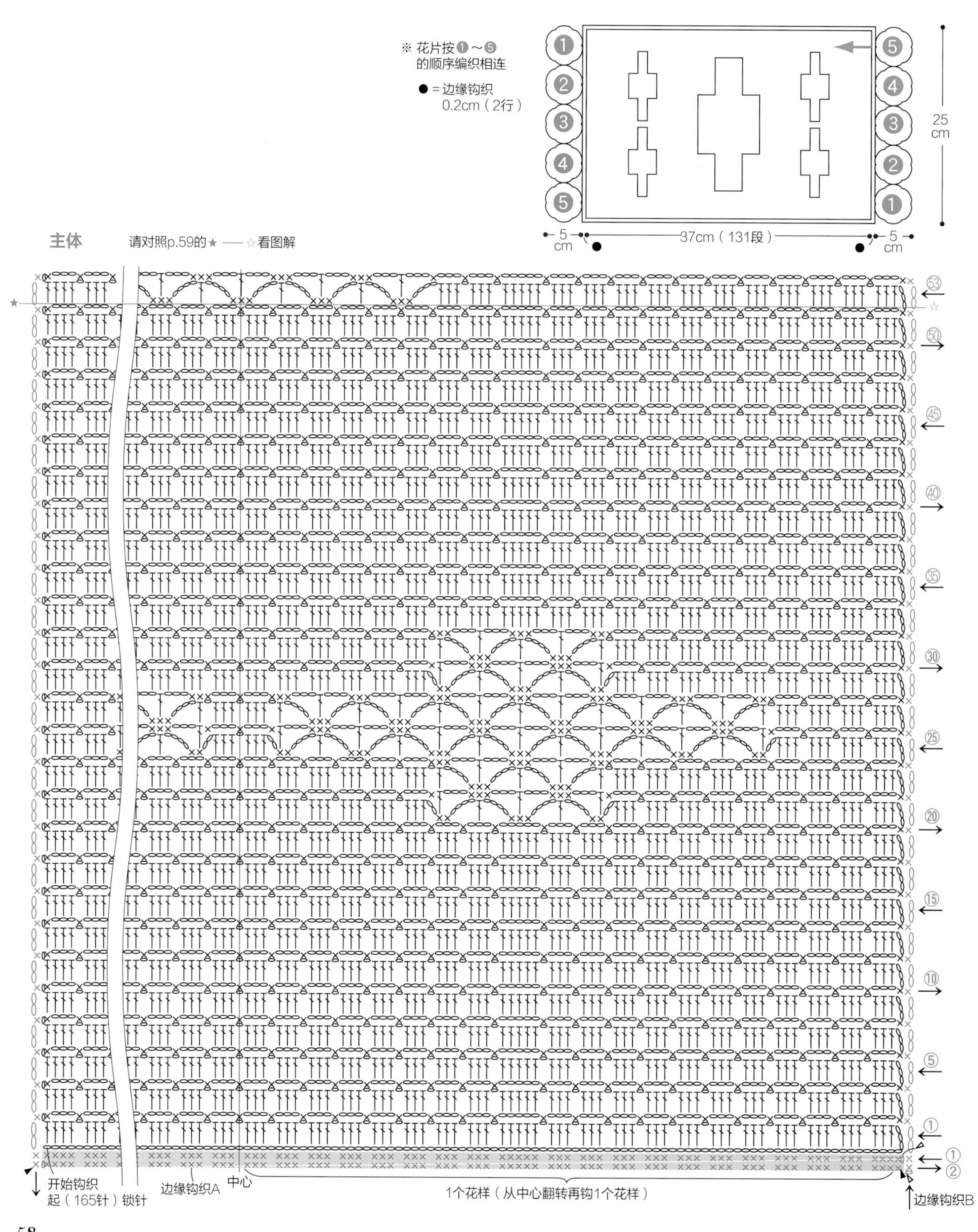

※ 花片按❶～❺的顺序编织相连
● = 边缘钩织 0.2cm（2行）
25 cm
5 cm
37cm（131段）
5 cm
主体
请对照p.59的★——☆看图解
53
50
45
40
35
30
25
20
15
10
5
1
1
2
开始钩织
起（165针）锁针
边缘钩织A
中心
1个花样（从中心翻转再钩1个花样）
边缘钩织B

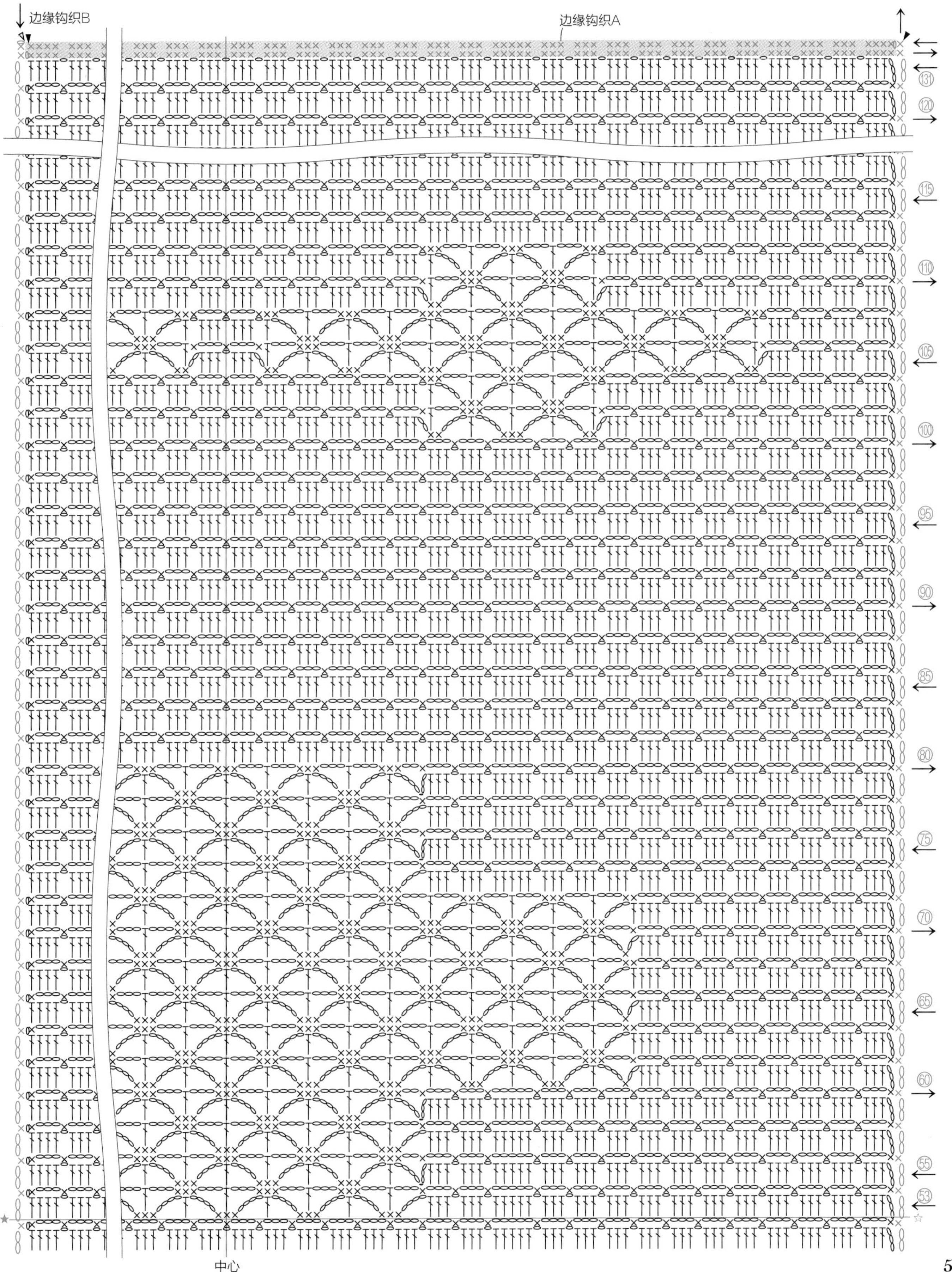

边缘钩织B
边缘钩织A
131
120
115
110
105
100
95
90
85
80
75
70
65
60
55
53
中心

52 图片：p.24~25 重点课程：p.39

＊线材
CÉBÉLIA 30号／白色（BLANC）…39g
＊蕾丝钩针　起针·边缘钩织（8号）、主体（6号）

＊制作要领
主体（蕾丝钩织）

1　起192针锁针，不加不减针地钩织10行。第10行在钩织结束后继续起25针锁针，增加5个花样钩织第11行。在右侧第10行的3针起立锁针上用别线另起25针锁针后断线，接着继续钩织第11行。

2　不加针不减针钩40行并断线，中间钩10行花样38和2行缘编织。

花片（梭编）

1　用2个梭环开始编结中心的花片。

2　在中心花片的耳（★标记处）上带线，第1圈为10个梭结，在★标记处的耳上用梭芯线接耳的方式重复地编结1圈。从第2圈开始重复「2个梭结、耳」，在上一圈的梭芯线接耳的结内用梭芯线接耳方式编结1圈。

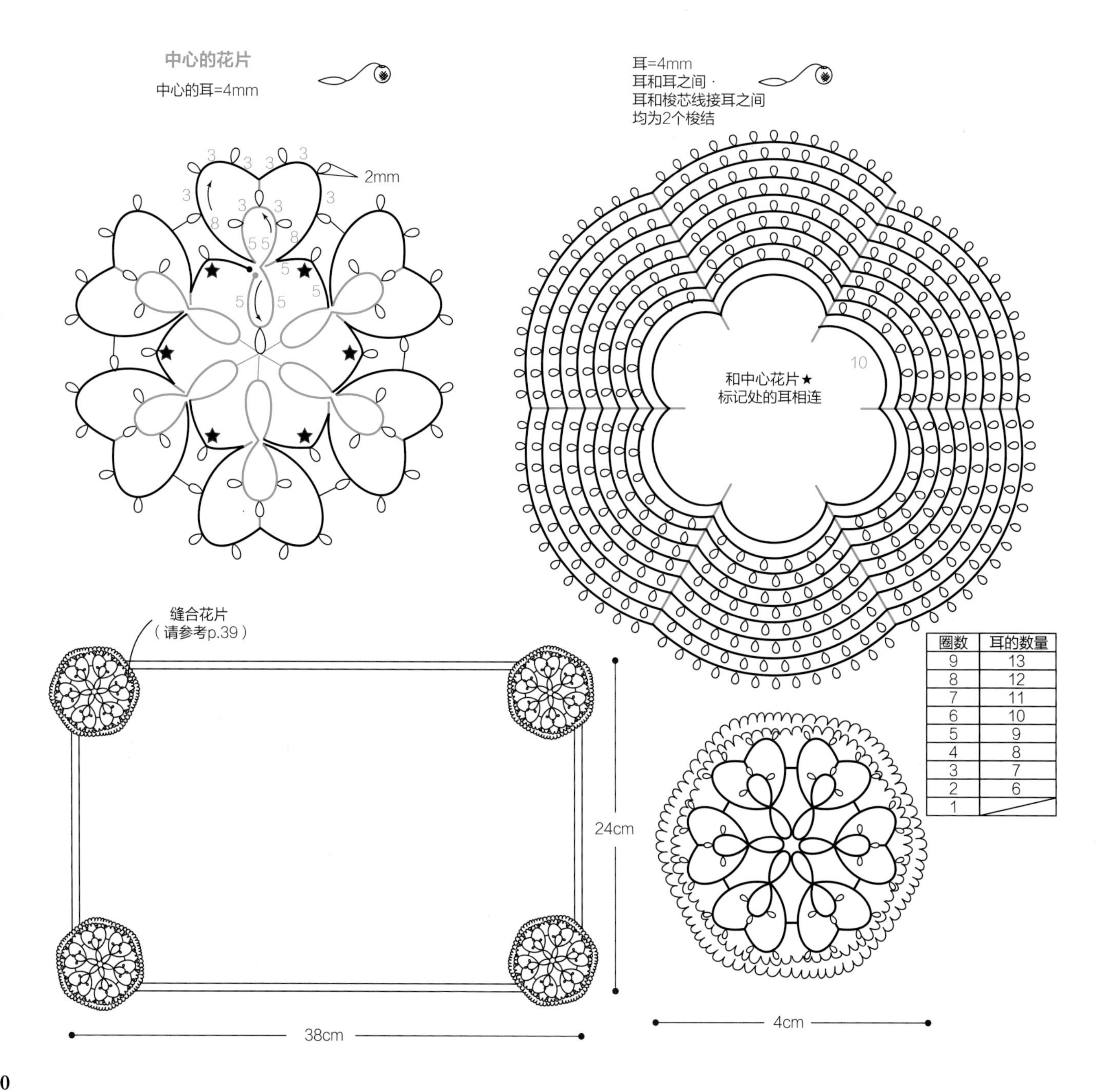

圈数	耳的数量
9	13
8	12
7	11
6	10
5	9
4	8
3	7
2	6
1	

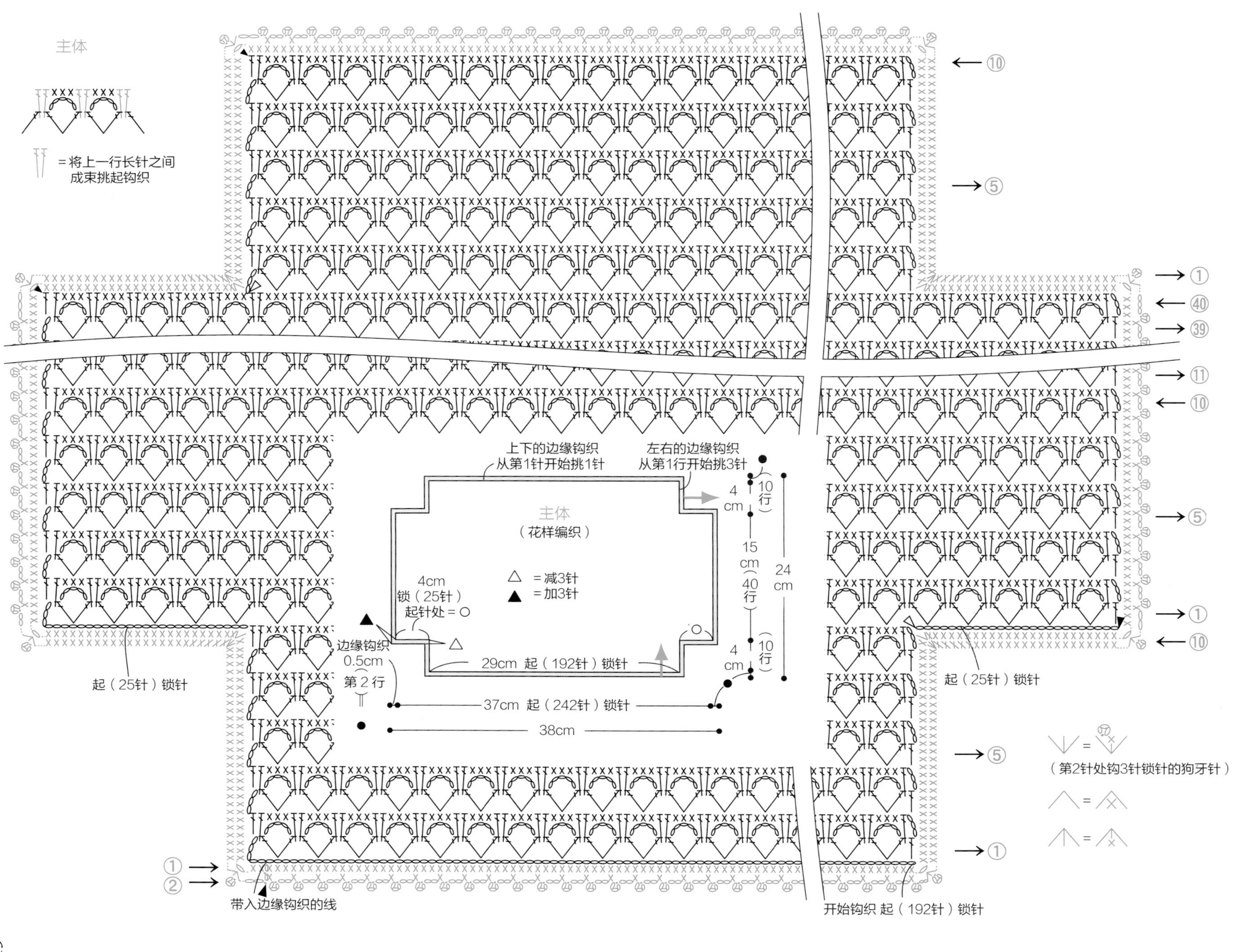
主体
=将上一行长针之间
成束挑起钩织
⑩
⑤
①
㊵
㊴
⑪
⑩
⑤
①
⑩
上下的边缘钩织
从第1针开始挑1针
左右的边缘钩织
从第1行开始挑3针
主体
（花样编织）
4cm
锁（25针）
起针处=○
△ =减3针
▲ =加3针
边缘钩织
0.5cm
第2行
29cm 起（192针）锁针
37cm 起（242针）锁针
38cm
4
cm
10
行
15
cm
40
行
24
cm
起（25针）锁针
起（25针）锁针
⑤
（第2针处钩3针锁针的狗牙针）
①
②
带入边缘钩织的线
开始钩织 起（192针）锁针

basic lesson 蕾丝钩织基础

钩针图解的阅读方法

本书中的钩针图解均为从正面看到的样子，且是规定在日本工业标准（JIS）中的内容。
钩针编织无正结和反结（除内、外钩针外）的区分，
正面与反面交替钩织，钩片织时，图解符号的样子也相同。

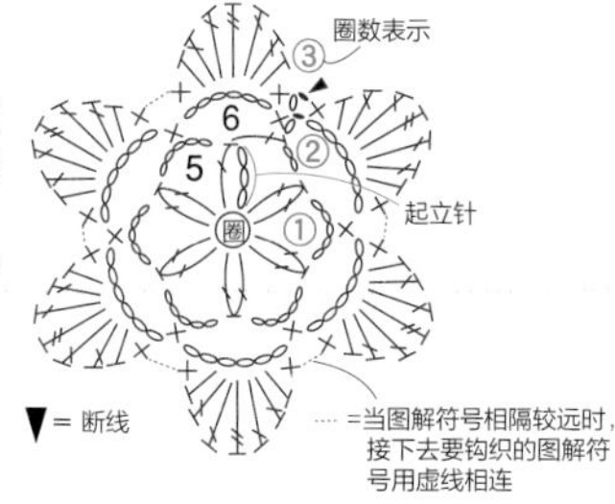

从中心开始环形钩织时

在中心环形（或锁针）起针，依照环形逐圈钩针。每圈的起始处都先钩起立针，然后继续接着钩。原则上，都是将织片正面朝上钩织，依照图解从右向左进行钩织。

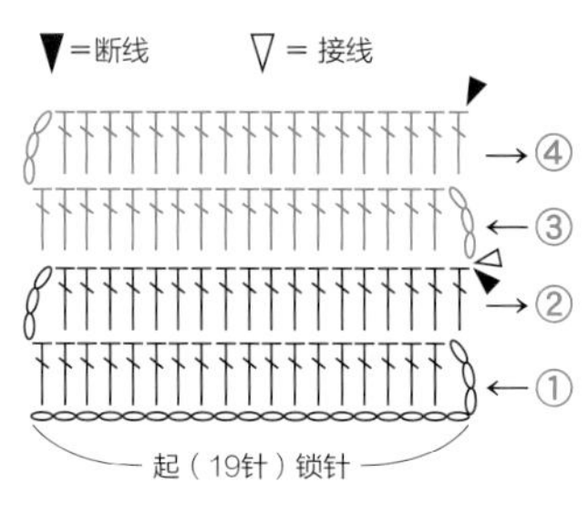

片织时

其特征是在织片左右两侧立起的起立针，原则是当起立针位于右侧时，是织片正面，依照图解自右向左进行钩织。当起立针位于左侧时，依照图解自右向左进行钩织。图示为在第3行换配色线后的图解。

线和钩针的握法

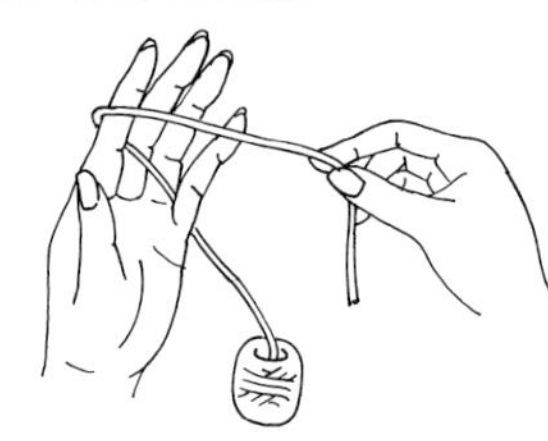

1 将线从左手的小指和无名指间带出，挂在食指上，将线头置于手掌前带出。

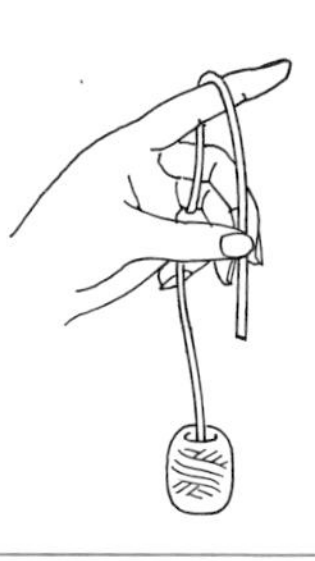

2 用拇指和中指捏住线头，竖起食指使线绷紧。

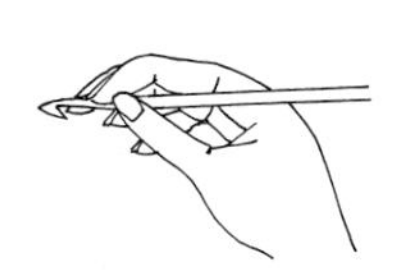

3 用拇指和食指捏住钩针，将中指轻轻地搭在针头上。

起始针的钩织方法

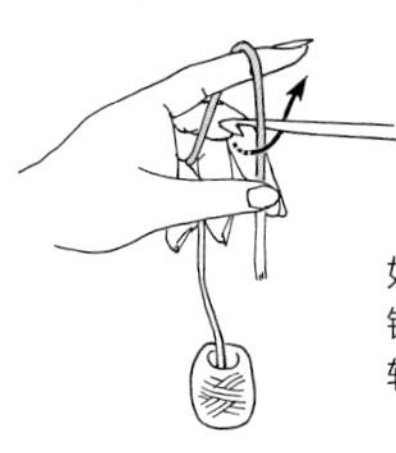

1 如图箭头所示方向将钩针从线的另一侧旋转钩针针头。

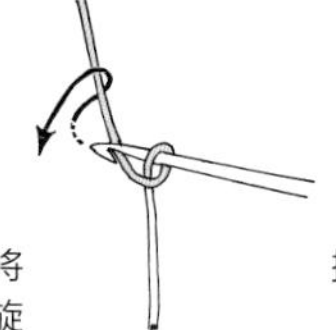

2 接着在针头上挂线。

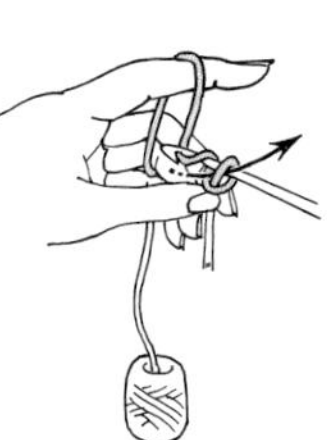

3 如图箭头所示穿入环中将线带出。

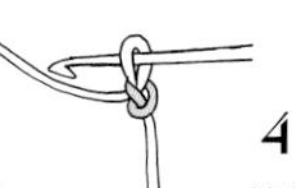

4 拉线头，收紧线圈，起始针完成（此针不计作针数）。

起针

从中心开始环形钩织时（绕线作环）

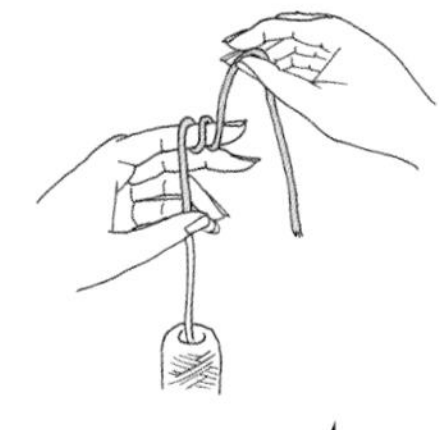

1 将线在左手食指上绕2圈。

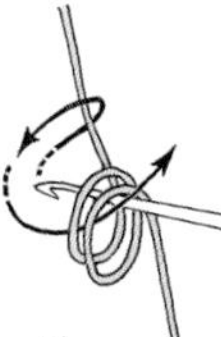

2 将环从食指上取下用手捏住，钩针插入环中，挂线带出。

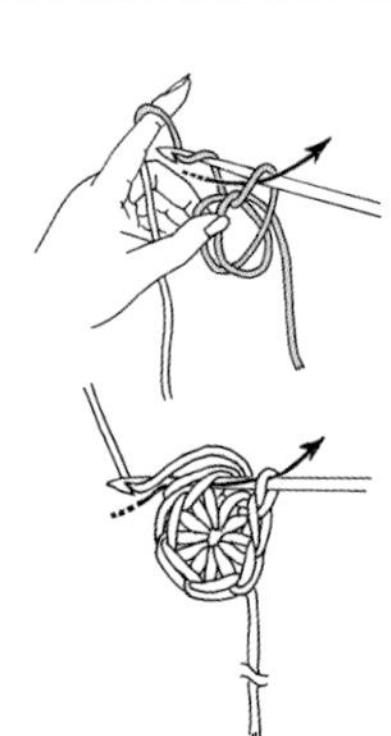

3 带出的针脚再次挂线带出，钩起立针。

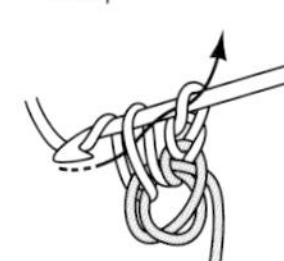

4 钩第1圈时，在环中心插入钩针，钩织所需针数的短针。

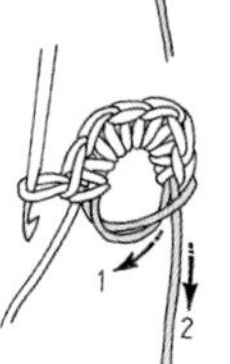

5 暂先将钩针抽出，拉动最初缠绕圆环的线1和线2，将环拉紧。

6 钩织完1圈后，在最初的短针的头针处入针，挂线带出。

从中心开始环钩（用锁针作环）

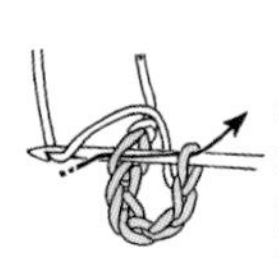

1 编织适当针数的锁针，将针插入最开始1针的半针内，按图示箭头方向将线拉出。

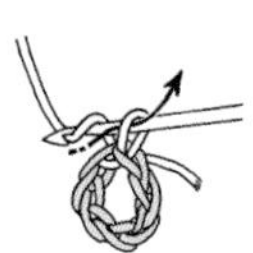

2 针头挂线，从线圈中拉出，钩织起立锁针。

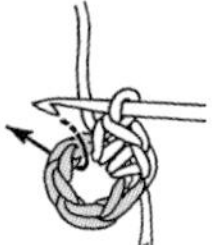

3 第1圈是在环内插入钩针，将锁针成束挑起，钩织所需针数的短针。

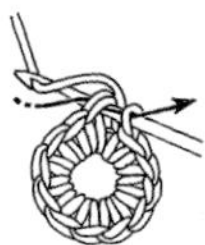

4 第1圈钩织结束时，在最开始的短针的头针处插入钩针，挂线引拔。

片织时

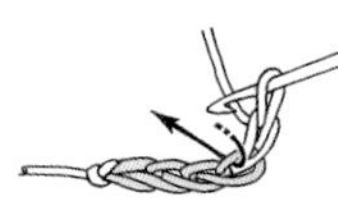

1 钩织所需针数的锁针和起立针，在开始的第2个锁针中入针，挂线带出。

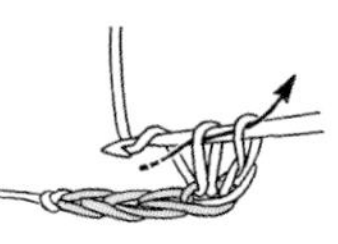

2 针头挂线，如图示箭头所示将线带出。

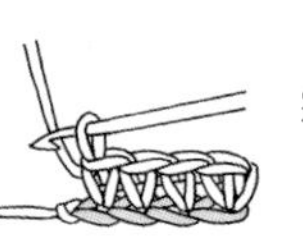

3 完成第1行钩织后的样子（起立针不计作针数）。

钩针符号

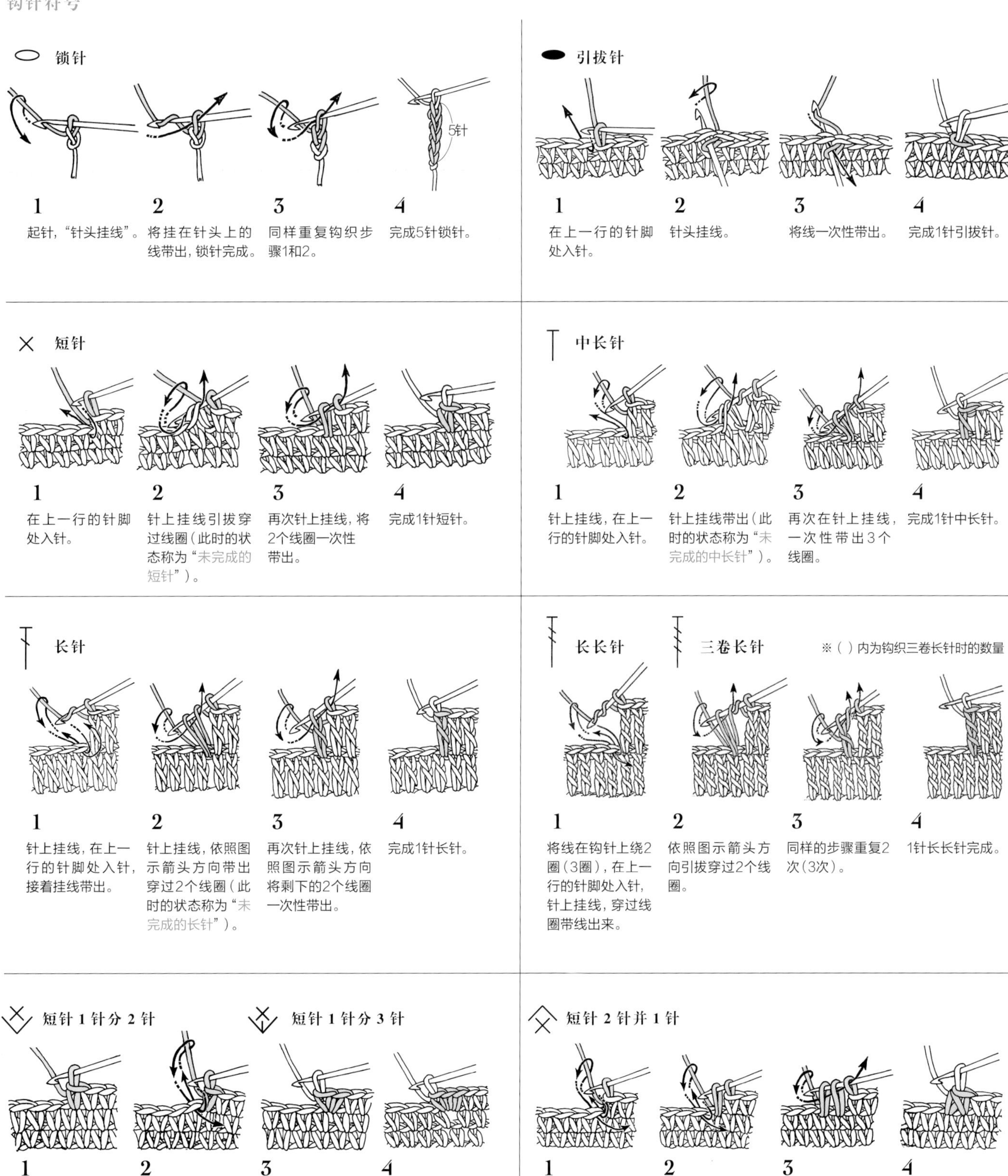
锁针
5针
1
起针，“针头挂线”。
2
将挂在针头上的线带出，锁针完成。
3
同样重复钩织步骤1和2。
4
完成5针锁针。
引拔针
1
在上一行的针脚处入针。
2
针头挂线。
3
将线一次性带出。
4
完成1针引拔针。
短针
1
在上一行的针脚处入针。
2
针上挂线引拔穿过线圈（此时的状态称为“未完成的短针”）。
3
再次针上挂线，将2个线圈一次性带出。
4
完成1针短针。
中长针
1
针上挂线，在上一行的针脚处入针。
2
针上挂线带出（此时的状态称为“未完成的中长针”）。
3
再次在针上挂线，一次性带出3个线圈。
4
完成1针中长针。
长针
1
针上挂线，在上一行的针脚处入针，接着挂线带出。
2
针上挂线，依照图示箭头方向带出穿过2个线圈（此时的状态称为“未完成的长针”）。
3
再次针上挂线，依照图示箭头方向将剩下的2个线圈一次性带出。
4
完成1针长针。
长长针
三卷长针
※（ ）内为钩织三卷长针时的数量
1
将线在钩针上绕2圈（3圈），在上一行的针脚处入针，针上挂线，穿过线圈带线出来。
2
依照图示箭头方向引拔穿过2个线圈。
3
同样的步骤重复2次（3次）。
4
1针长长针完成。
短针1针分2针
1
钩1针短针。
2
在同一针内入针，挂线带出钩织短针。
短针1针分3针
3
图为在同一针内钩织了2针短针的样子。接着在同一针内钩1针短针。
4
图为短针1针分3针钩织完成的样子。比上一行多钩了2针。
短针2针并1针
1
在上一行的针脚中入针，挂线带出。
2
下一针按同样的方法入针，挂线带出。
3
针上挂线，将挂在钩针上的3个线圈一次性带出。
4
短针2针并1针完成，比上一行针数少了1针。

长针1针分2针

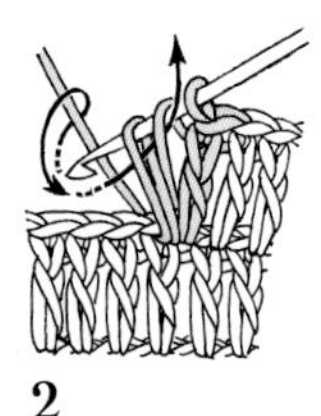

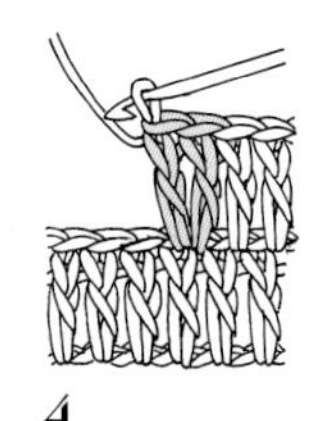

1 钩1针长针，针上挂线后在同一针脚处入针，再次挂线带出。

2 针上挂线，将2个线圈一次性带出。

3 再次挂线，将剩余的2个线圈一次性带出。

4 长针1针分2针完成，比上一行针数多1针。

长针2针并1针

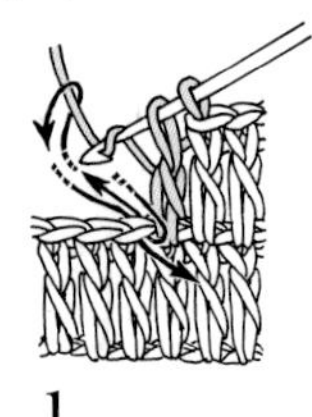
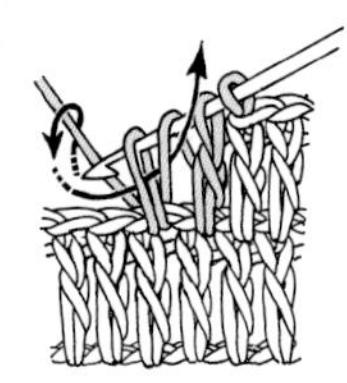
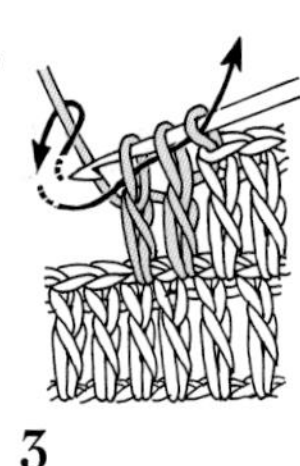
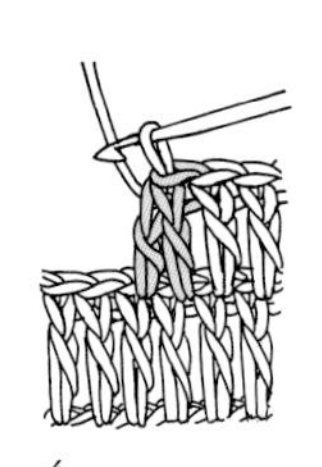

1 在上一行中钩织1针未完成的长针，下一针如图示箭头方向挂线入针再带出。

2 针上挂线，将2个线圈一次性引拔，钩第2针未完成的长针。

3 针上挂线，如图示箭头方向一次性穿过3个线圈带出。

4 长针2针并1针完成，比上一行针数少了1针。

3针锁针的狗牙针

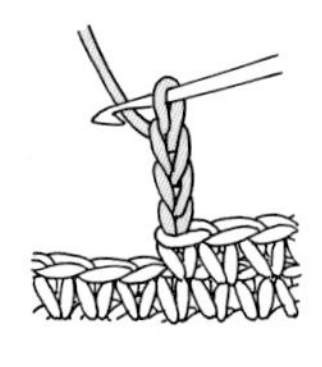
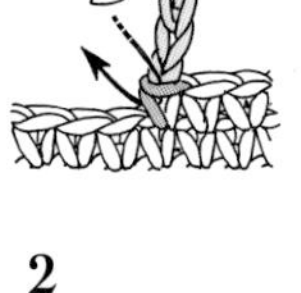
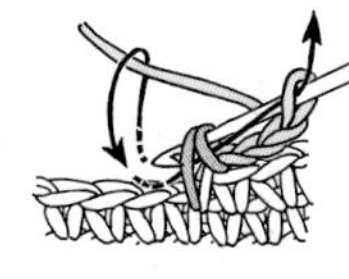
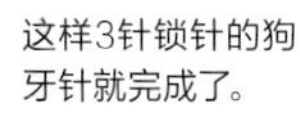

1 钩3针锁针。

2 在短针的半针和底部的1根线中入针。

3 针头挂线，如箭头所示一次性带出。

4 这样3针锁针的狗牙针就完成了。

3针长针的枣形针

※针数为3针或长针以外符号的枣形针，按相同要领在上一行的1针内钩未完成的指定符号的指定针数，在针头上挂线，将针上挂的线圈一次性地引拔出来。

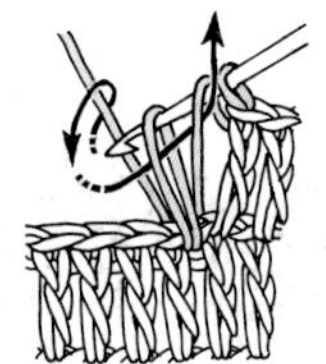
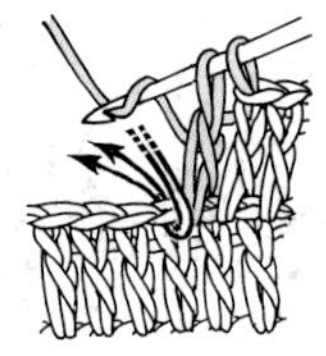
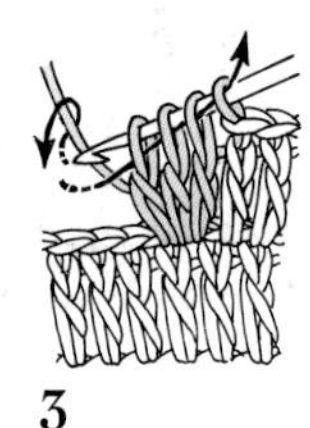
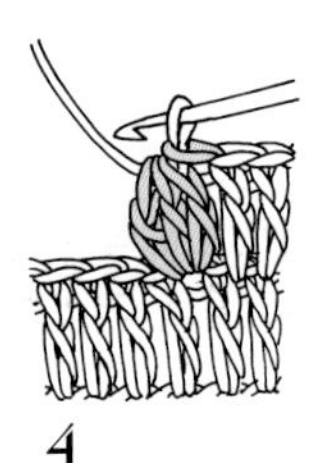

1 在上一行的针脚中钩1针未完成的长针。

2 在同一针内入针，接着钩2针未完成的长针。

3 针上挂线，将钩针上的4个线圈一次性带出。

4 3针长针的枣形针完成。

原文书名：レース編み＋タティングレースで作る：タティングレース小物

原作者名：北尾惠美子

著作权合同登记号：图字：01-2017-7694

图书在版编目（CIP）数据

北尾惠美子的甜美梭编蕾丝小物 /（日）北尾惠美子著；虎耳草咩咩译. -- 北京：中国纺织出版社，2018.10

ISBN 978-7-5180-5387-2

Ⅰ. ①北… Ⅱ. ①北… ②虎… Ⅲ. ①手工编织－图解 Ⅳ. ① TS935.5-64

中国版本图书馆CIP数据核字（2018）第211423号

策划编辑：阚媛媛　　责任编辑：李　萍

责任设计：培捷文化　　责任印制：储志伟

中国纺织出版社出版发行

地址：北京市朝阳区百子湾东里A407号楼

邮政编码：100124

销售电话：010—67004422　传真：010—87155801

http: //www.c~textilep.com

E-mail: faxing@c~textilep.com

中国纺织出版社天猫旗舰店

官方微博 http://weibo.com/2119887771

北京华联印刷有限公司印刷　各地新华书店经销

2018年10月第1版第1次印刷

开本：889×1194　1/16　印张：4

字数：64千字　定价：39.80元